十色性格領導力

高效團隊管理與商業實戰指南

黃信維——著

目錄 CONTENTS

推薦序 企業最終成敗的關鍵永遠是「人」／吳俊毅 007

推薦序 十色性格系統讓你在職場與生活中都能如虎添翼／陳世明 009

自序 十色性格領導力帶領團隊脫穎而出，邁向卓越與成功！ 011

Part 1 探尋性格之源：你的性格是如何形成的？

Chapter 1 三種性格層次，找到真正的自己 016

Chapter 2 解碼性格，揭開內在世界的秘密 023

Chapter 3 性格是你的指南針，引領你實現自己的天命 028

Part 2 揭開性格秘密，找出你的天生優勢

Chapter 4 十色性格系統的理論基礎 034

Chapter 5 十種性格特質與行為模式 039

Chapter 6 探索你的色彩！十色性格測評指南 052

Chapter 7 現實與先天性格的雙重檢測 061

Chapter 8 解讀先天性格測算結果 065

Part 3 智慧領導：管理十種性格，讓團隊更高效
Chapter 9 精準溝通策略：針對不同性格的溝通技巧 074
Chapter 10 結合性格特質的有效溝通策略與方法 082
Chapter 11 性格領導策略：針對不同性格的管理方法 087
Chapter 12 發揮領導優勢與克服挑戰的實戰策略 093
Chapter 13 有效管理多元性格，提升團隊整體效能 101

Part 4 精準選才：性格與職位的最佳適配
Chapter 14 性格測評與行為面試的雙重應用 108
Chapter 15 十種關鍵職場能力，匹配不同崗位 133
Chapter 16 如何設計反映應徵者真實能力的問卷 144
Chapter 17 行為面試揭示應徵者的思維和行動邏輯 147
Chapter 18 依據性格特質選擇最合適職位的人才 150
Chapter 19 職場性格指南：最佳職位匹配策略 153

Part 5 建立高效能組織，打造卓越合作團隊
Chapter 20 建立高效能組織的七大關鍵要素 162
Chapter 21 卓越團隊合作的六大關鍵成功要素 169

Chapter 22 性格導向管理：優化角色分配與職能發揮 175
Chapter 23 打造跨部門協作的高效創新團隊 186
Chapter 24 卓越團隊合作的實際應用案例 193

Part 6 性格對立與協作：化解衝突的關鍵策略

Chapter 25 當開創者遇到支援者：黑色人 vs 綠色人 215
Chapter 26 當推廣者遇到分析者：紅色人 vs 藍色人 218
Chapter 27 當推動者遇到策劃者：黑紅色人 vs 綠藍色人 221
Chapter 28 當整合者遇到策略者：黑綠色人 vs 紅藍色人 224
Chapter 29 當協調者遇到改革者：紅綠色人 vs 黑藍色人 227
Chapter 30 性格衝突與互補：團隊合作中的理解與平衡 231

Part 7 成功的關鍵：相同性格，成敗為何各異？

Chapter 31 比爾・蓋茲的成功秘訣與性格發揮的關鍵 240
Chapter 32 性格發揮成功與否的關鍵因素 245
Chapter 33 職業成功檢核表：檢視你的性格發揮 250

Part 8 商業合作致勝關鍵：無懈可擊的談判策略

1. 效率型合作者：拿破崙的領導風範（黑色人） 258
2. 交際型合作者：隆納・雷根的魅力談判（紅色人） 261
3. 服務型合作者：德蕾莎修女的真誠合作（綠色人） 264
4. 精確型合作者：王永慶的細節掌控（藍色人） 268
5. 積極型合作者：郭台銘的果斷決策（黑紅色人） 271
6. 務實型合作者：比爾・蓋茲的穩健務實（黑綠色人） 274
7. 和諧型合作者：曼德拉的和解智慧（紅綠色人） 277
8. 靈活型合作者：傑夫・貝佐斯的靈活變通（紅藍色人） 281
9. 創新型合作者：馬雲的創新思維（黑藍色人） 284
10. 品質型合作者：華倫・巴菲特的持續專注（綠藍色人） 287

附錄 1 現實性格特質檢測問卷 293
附錄 2 十色性格測算分析報告 298
附錄 3 職場能力評估問卷 307
附錄 4 行為面試問題設計 327

推薦序　FOREWORD

企業最終成敗的關鍵永遠是「人」

吳俊毅

我在23歲時開始創業，近30年的創業歷程中，參與了許多社團、學習型團體及商學院，也參訪過許多「台灣之光」的企業。這些年，我逐漸體會到，不論眼光多精準、不論商業模式多出色、不論策略規劃多縝密，最終成敗的關鍵永遠是「人」。

「企業」的「企」字＝人＋止，所有企業的發展都是因「人」而起，因「人」而止。一個好的企業就像一個優秀的交響樂團，團隊中每個人之間協調且有節奏地合作，交織出美妙而磅礴的樂章，令人動容且充滿力量。企業之所以卓越，正是因為各種人才的互補合作，牽一髮而動全身，步步緊扣，從A邁向A+，突飛猛進，穩步向前。

特別感謝黃信維會長，幾年前與我分享並教導十色性格的分析方法及邏輯。當時我對此一無所知，但經過深入學習，不僅我本人受益匪淺，也讓公司許多主管一起參與學習與應用。透過這套方法，同仁們彼此之間加深了理解，找到更好的合作模式；主管們也因為了解性格特質，能夠正確地啟發同事積極面對生活與工作。在選才和職務分配上，我們運用每個人性格的優勢，組建出更加完善的團隊。

經歷了多年的創業歷練與人力資源管理的學習後，我更堅信，每個人都需要依循自己的性格特質，接受更精準的人才培育。這樣才能事半功倍地發展潛能，真正做到因材施教。每個人都是一塊璞玉，只要在正確的方向上琢磨，都能成為具有無價價值的寶石。

我非常期待這本書能讓更多有志經營企業或希望深入了解自己的人，花時間研讀並用心體會。這本書不同於一般的簡單性格分類書籍，十色性格理論區分出幾十種人格特質，並提供交叉合作的應用建議，內容更科學、更務實，幫助每個讀者都能有所收穫。讓我們每天邁出一小步，逐步遇見更好的自己！

康博集團董事長 吳俊毅

十色性格系統讓你在職場與生活中都能如虎添翼

陳世明

在這個瞬息萬變的時代，為什麼有的領導者能帶領團隊突破重圍，而有些卻步履維艱？關鍵就在於對「人」的洞察與運用。

每一個組織成功的關鍵都在「人」，而失敗的根源也往往源於「人」。因此，領導者最重要的能力之一，便是「知人善任」的用人哲學。

本書作者——台灣企業領袖交流會（台企會）創會長黃信維先生，將其多年專研並實踐的「十色性格理論」濃縮於此，引領讀者系統性地掌握識人與用人的要領，幫助建構專屬的用人藍圖，從而帶領團隊擴展事業版圖。

2019 年，我有幸在台北市電子零件公會 CEO 戰略班擔任教練型領導力講師時與黃會長結識。五年來的交流與合作，我深刻感受到黃會長不僅是「十色性格理論」的創建者，更是其最佳的實踐者。

台企會正是黃會長理念的最佳展現：從創會到今天的多元

發展，台企會已成為橫跨協會、商會、私人董事會、創投、公益基金與管理顧問的綜合性平台，合作企業超過千家。這些成就，背後是黃會長對性格洞察的深度應用，善於集眾人之力，發揮個人與團隊的最大價值。這些成就彰顯了他在領導、分工合作與有效授權上的非凡智慧，而這背後的核心正是他對性格與人性的深刻洞見。

如黃會長所說：「性格是每個人最獨特且穩定的內在特質，它決定了我們如何思考、感受和行動。」

本書以「十色性格理論」為基礎，深入解析十種主導性格，並結合科學性格測評，幫助領導者將團隊中的「對的人」放在「對的位置」，以「對的方式」發揮團隊的最大戰力。此外，書中內容亦助讀者提升自我覺察與敏銳度，深入了解自己的行為風格，進而達成知己知彼的境界。

我深信，本書不僅能幫助領導者提升用人能力，也能大幅改善人際互動與溝通品質，讓讀者在職場與生活中都能如虎添翼。

誠摯推薦給每一位想要突破自我、帶領團隊實現成長的讀者！

傑作國際專業教練有限公司創辦人

國際教練聯盟（ICF）認證專業教練（PCC）

陳世明

自序　PREFACE

十色性格領導力帶領團隊脫穎而出，邁向卓越與成功！

在當今競爭激烈、瞬息萬變的商業環境中，領導者不僅要精通技術與策略，還需要深刻理解並發揮團隊成員的性格潛力，以創造高效且協調的團隊運作。《十色性格領導力：高效團隊管理與商業實戰指南》正是針對這一需求而撰寫，結合了實用的性格分析工具和領導策略，幫助你在日常管理、團隊建設、商業談判中全面提升效率，實現真正的協作與成功。

本書基於「十色性格理論」，透過十種主導性格的深入解析，展示每種性格的行為動機、思維特徵和潛在優勢。無論是黑色的開創力、紅色的推廣力、綠色的支援力，還是藍色的分析力，每一種性格類型都在團隊合作與商業環境中扮演著至關重要的角色。本書將幫助你精確識別成員的性格，並提供因應不同性格的溝通、領導和管理方法。無論你是初次接觸性格領導理論，還是希望更精進性格管理，本書都將為你提供具體的工具與策略，實現性格洞察帶來的高效成果。

本書分為八大部分，從性格的形成與解析到商業應用，循序漸進地引領你深入理解性格，並靈活應用於領導管理和商業實戰中。

・Part 1 探尋性格之源：你的性格是如何形成的？

本部分探討性格的形成過程，透過三層性格分析，幫助你深刻了解自己和他人的行為模式，為後續的性格管理奠定基礎。

・Part 2 揭開性格秘密：找出你的天生優勢

詳述十色性格系統的基本原理，並帶領你進行性格測評，發掘成員的天賦潛力，協助團隊更高效地發揮各自的優勢。

・Part 3 智慧領導：管理十種性格，讓團隊更高效

透過精準溝通與領導策略，有效引導不同性格成員的行動，從而提升團隊的整體運作效率，增強協同合作。

・Part 4 精準選才：性格與職位的最佳適配

本部分教你如何利用性格測評和行為面試，挑選合適的團隊成員，確保人崗匹配，為團隊穩定發展和高效合作奠定基礎。

・Part 5 建立高效能組織：打造卓越合作團隊

探討高效能組織的關鍵要素，從性格導向的角色分配到跨部門協作，提供一系列具體實踐案例，助你建立具有創新力和協作性的團隊。

・Part 6 性格對立與協作：化解衝突的關鍵策略

本部分專注於性格之間的衝突與協作，透過具體的案例展示不同性格如何在合作中找到平衡，從而化解衝突、增強默契。

・Part 7 成功的關鍵：相同性格，成敗為何各異？

針對性格發揮成效的關鍵因素進行分析，探討如何使相同性格在不同環境中得到最佳發揮，助力成員實現職業成功。

・Part 8 商業合作致勝關鍵：無懈可擊的談判策略

本部分聚焦於談判中的性格應用，介紹不同性格在合作中的優勢與策略，從拿破崙的快速決策到比爾・蓋茲的務實精神，為你提供具體的談判技巧，提升商業競爭力。

《十色性格領導力：高效團隊管理與商業實戰指南》適合各級領導者、企業高層、創業者及團隊管理者閱讀。無論你是希望在商業談判中精準把握合作夥伴的特質，還是尋求在團隊管理中提升每位成員的工作效率，本書都將為你提供豐富的洞察和實用的策略。每一章節都將幫助你透徹了解性格的影響，並將性格洞察轉化為管理優勢，讓團隊更有活力、更高效地合作，最終實現你的商業目標。

我們相信，每個人都有其獨特的性格價值，只要運用得當，就能充分發揮團隊的整體潛能。希望這本書能成為你的管理助手，助你在不斷變化的商業環境中，以十色性格領導力帶領團隊脫穎而出，邁向卓越與成功。

Part 1

探尋性格之源：你的性格是如何形成的？

Chapter1

三種性格層次，找到真正的自己

性格是由多層次構成的，包含了先天性格、後天性格，還有常被忽略的期待性格。這三個層面就像建築中的地基、牆壁和屋頂，各自承擔著不同的功能。先天性格是穩固的根基，決定我們的基本特質；後天性格如同牆壁，塑造了我們的應對方式；而期待性格則像屋頂，反映出我們對未來的理想與渴望。這三者交織在一起，彼此互動，最終共同塑造我們的生命軌跡。

1. 先天性格（本我性格）

先天性格是我們每個人生來就有的性格特質，是「天生的底子」。這個底子深藏在我們的內心，是由基因、遺傳決定的。你可能會發現，當我們遇到挑戰時，那些最直接的反應，像是逃避還是面對，往往不是我們學來的，而是自然而然的本能反應。

例如，有些人天生冷靜，無論環境多麼混亂，都能保持理性，而有些人遇到危機時，可能立刻反應激烈，這就是先天性格的表現。先天性格不易改變，它像是我們人生的「地基」，牢牢地影響著我們的思維、行為和決策。

先天性格無法輕易被動搖，但認識它，我們能夠找到自己的天賦所在。當面對挑戰時，利用這些天賦能幫助我們更好地發揮潛力。

2. 後天性格（現實性格）

如果先天性格是地基，那麼後天性格就是環境和經歷為我們建造的牆壁。這部分性格是隨著時間、環境以及個人的經歷所塑造的。它並不是生來就有的，而是隨著我們在生活中與他人互動、不斷學習的結果。

例如，某人原本非常內向，喜歡安靜。但進入職場後，工作需求讓他不得不學習如何溝通，慢慢地，他也變得善於表達和領導。這就是後天性格的變化。這部分性格是動態的，隨著環境的改變，後天性格也會調整。我們每個人會因環境和經歷的不同，展現出不同的行為模式。

企業在選擇人才時，經常會根據後天性格來評估一個人的適應能力和工作表現，因為後天性格反映的是我們在現實中的應對方式。培養後天性格，能幫助我們更好地應對生活中的挑戰，並適應各種工作需求。

3. 期待性格（成就動機）

期待性格是我們內心深處對未來的期望，它驅動我們追求理想，實現人生目標。這部分性格是最容易被忽視的，但卻是我們前進的動力來源。

期待性格不一定與先天或後天性格一致，甚至有時還會與它們產生矛盾。例如，有人先天內向，但期待成為一位領袖，能激勵他人。這種期待性格促使他走出舒適圈，去學習領導技巧，並逐漸改變自己，實現內心的目標。

期待性格提供了我們前進的方向和動力。無論先天或後天如何，期待性格讓我們知道自己想成為什麼樣的人，激勵我們不斷挑戰自我，突破極限。

整合三個層次的性格模型

這三個層次的性格其實並非孤立存在，而是相輔相成。先天性格提供了穩定的基礎，讓我們理解內心深處的本質；後天性格幫助我們應對現實中的變化，適應不斷的挑戰；而期待性格則提供了願景，推動我們不斷成長，實現心中的理想。

當我們能夠平衡這三個層次的性格，並善加利用，就能在人生中取得更大的成功。**人生的真諦不僅僅在於了解自己，而在於找到如何在這三個層次之間達到動態的平衡。當這三者平衡時，我們便找到了真正的自己，也找到了通向成功的道路。**

內向的創業家如何找到真正的自己

天生的內向特質：先天性格的力量

艾倫從小就是個性格內向、安靜的孩子。他喜歡一個人待著，喜歡沉浸在自己的世界裡，閱讀、思考，這些對他來說遠比與朋友們一起玩耍更有吸引力。他的家人早就看出來了這一點，總是說：「艾倫是個穩重的孩子，他做事情總是深思熟慮。」這就是艾倫的先天性格，讓他天生對細節敏感，習慣於分析和思考。

這些特質在他的學生時代成為了優勢。他總能比其他同學更專注地學習，也總是在數學和科學上表現出色。遇到難題時，別人急著尋求解決方案，而艾倫總是先分析每個可能的變數，然後再做出判斷。這樣的沉穩性格，使他贏得了老師和同學的讚賞。

但當他大學畢業後，進入創業的世界時，事情開始變得複雜起來。創業初期的艾倫依舊堅守自己的風格，覺得只要有好的產品，事情就會自然發展。然而，他很快發現，這並不像他想的那麼簡單。

現實的挑戰：後天性格的塑造

艾倫創辦了一家科技公司，專注於開發一款創新的軟體產品。起初，他只專注於技術的完美性，並且非常自信這個產品可以解決市場上的痛點。然而，產品推出後並沒有引起預期的反響，銷售成績也遠遠不如他預期的那麼好。這時，艾倫面臨了人生中的第一次重大打擊。

他的公司需要資金才能繼續運營，這意味著他不得不站到投資人面前，推銷他的產品。這對於習慣於背後做分析的艾倫來說無疑是一個巨大的挑戰。每次準備與投資人見面，他都感到焦慮，內心有一種無形的壓力在逼迫著他，讓他覺得自己無法勝任這樣的工作。

他開始懷疑自己的能力，甚至一度考慮放棄。然而，經過一段時間的沉思後，他明白了一個道理：如果想讓公司生存下去，他必須學會突破自我，改變自己。於是，他決定調整後天性格。

艾倫開始報名參加領導力和溝通課程，學習如何有效地與人交談，如何表達自己的想法。他經常參加社交活動，儘管他每次都覺得這樣的場合讓他非常疲憊，但他知道，這是一個必須面對的現實挑戰。每一次站在演講台上，他的內心都充滿了緊張，但他堅持下來，逐漸學會如何表現得更加自信。

有一次，他在投資人面前進行了一次簡報，雖然開始時他手心冒汗，聲音也有些顫抖，但他強迫自己保持鎮定。他清楚地知道，這是關乎公司生死的一次談判。隨著他逐漸放鬆下來，開始自信地講解產品的技術細節和市場潛力，最終贏得了投資人的支持，拿到了關鍵的資金。

這次經驗讓艾倫意識到，後天性格的調整並不是一朝一夕的，但如果他能夠勇敢面對，他可以變得更加自信，適應現實中的需求。

心中的渴望：期待性格的引領

然而，這還不夠。艾倫心裡其實一直有一個更深層次的渴望，他並不僅僅希望創辦一家公司賺錢。他內心深處的期待性格，是成為一個能夠改變世界的創業者。他希望他的產品能夠真正解決市場上的問題，讓科技能夠幫助到更多人。他渴望成為一個有影響力的行業領袖。

這種內心的期望驅動著他不斷前行，即使在公司面臨最困難的時刻，他也沒有放棄。每當他感到疲憊或困惑時，這種期待性格會提醒他：這不僅僅是一份工作，而是一個讓他實現理想的機會。

他開始不僅關注自己的技術，還關注如何打造一個更具社會價值的品牌。他定期參加行業論壇，主動結交更多的行業內人士，學習他們的成功經驗，並將這些學到的知識融入到自己的事業中。

最終，艾倫的公司逐漸成長為行業內的重要力量，而他也從當初那個內向、害怕面對人群的青年，成為了能夠自信站在台前，分享自己經驗的企業家。他不僅實現了自己的職業目標，還找到了內心深處的自我，並通過持續努力，實現了他對未來的期待。

整合性格層次：找到真正的自己

艾倫的故事告訴我們，先天性格給了他穩定的基礎，使他能夠在思考和分析上發揮特長；後天性格幫助他適應現實中的挑戰，學會溝通和領導；而期待性格則是他內心深處的那股力量，推動他不斷前行，實現心中的願景。

我們每個人都擁有這三個層次的性格，而人生的成長，正是學會在這三者之間找到動態的平衡。當我們能夠理解並整合這些不同層面的性格特質時，我們就能在人生中走得更遠，找到屬於自己的道路。艾倫最終找到了真正的自己，而這段旅程告訴我們，無論性格如何，突破與成長是永遠可能的。

Chapter2

解碼性格，揭開內在世界的秘密

性格是每個人身上最獨特且穩定的內在特質，它決定了我們如何思考、感受和行動。當我們面對外界環境、與他人互動時，性格成為我們選擇如何回應的基礎。無論是在解決問題時的思維方式，還是與他人相處的情感表達，性格都在其中扮演著不可或缺的角色。

性格的核心構成

性格由多種心理特徵組成，這些特徵會影響我們日常生活的方方面面。性格並不僅僅是一個單一的特質，而是多層次的整合體，具體來說，它包括以下幾個關鍵元素：

1. 思維方式：性格決定了我們如何看待世界，如何理解和處理訊息。對於同一件事，不同的人會有不同的理解。有些人傾向於理性分析，追求邏輯和數據的支持，而另一些人則會依賴直覺，對周圍的人和環境保持敏銳的感知。這種思維模式影響我們的決策方式、問題解決能力以及面對挑戰的反應。

2. 情感反應：性格塑造了我們如何表達情感，以及在面對壓力和挑戰時如何應對。有些人天生情感豐富，善於表達和分享內心感受，這種情感反應使他們在人際關係中顯得開放而容易接近；而另一些人則習慣於壓抑情緒，較少向外界透露自己的情感，面對壓力時也更加內斂和自我反思。

3. 行為模式：性格還影響了我們在面對各種情境時的行動方式。有些人行動果斷，積極主動，善於抓住機會，這往往反映出他們的外向型或開創型性格；而另一些人則習慣於謹慎行事，較為保守，會花更多時間進行計畫和風險評估。

性格的雙重來源：先天與後天

性格的形成不僅僅來自於基因和遺傳，它還受到後天環境的影響。兩者共同塑造了我們的性格，使我們成為現在的自己。

1. 先天因素：性格的部分特徵是由基因和遺傳決定的，這部分性格可以視為我們的「基礎設計」。例如，有些人天生敏感，對外界環境中的細節非常注意，這是一種遺傳特質，而另一些人天生樂觀開朗，無論遇到什麼困難，總能保持積極的態度。這些天生的性格特質會影響我們的行為和反應方式，是性格的核心基礎。

2. 後天環境：儘管先天性格給了我們一個基礎，但後天環境對性格的影響同樣深遠。在成長過程中，家庭教育、文化背景、社會環境以及人際互動都會對我們的性格產生影響。例如，生活在一個充滿支持和鼓勵的環境中，可能會讓一個內向的人變得更加自信，甚至願意嘗試表達自己；相反，如果一個人在壓力和批評中成長，可能會形成更加保守的行為模式，對外界環境抱持懷疑態度。

性格的可塑性：經驗和學習的影響

雖然性格有一定的穩定性，但它並不是一成不變的。經過不同的人生經驗和學習，性格可以發生改變和調整。有些人可能天生內向，不太擅長與人互動，但隨著生活經歷的增多，可能逐漸學會如何與他人交往，甚至在某些情境下變得更加外向和善於社交。

舉例來說，一個原本內向的學生，通過參加學校的社交活動和團隊合作項目，逐漸克服了自己在人前表達的恐懼，開始學會在公眾場合發言。這不僅是性格的改變，也是對性格的塑造過程。這說明，性格在一定程度上是可以調整的，只要我們願意通過經驗和學習來改變。

性格對生活的深遠影響

性格不僅影響我們的日常生活，還會對我們的人際關係、職業選擇以及應對壓力的能力產生深遠的影響。

1. 人際關係：性格決定了我們如何與他人相處、溝通。外向型的人格通常喜歡社交，並善於處理人際關係，這讓他們在人際互動中更容易建立聯繫和維持友誼。而內向型的人雖然不太喜歡大範圍的社交活動，但在與他人深入交流時，往往更加專注，並且擅長建立深層次的個人關係。理解自己的性格特質，有助於我們改善與他人的互動方式，並在社交中發揮自己的優勢。

2. 職業選擇：性格也會影響我們的職業選擇。某些性格特質適合特定的工作類型，例如外向型人格更適合需要頻繁與人打交道的工作，像是銷售、公共關係等；而內向型人格則更適合需要深度思考和獨立工作的職業，如研究、設計或工程技術等。了解自己的性格特質，可以幫助我們選擇適合自己的職業道路，並更好地發揮自己的優勢。

3. 應對壓力的能力：當我們面臨壓力或挑戰時，性格會影響我們的應對方式。有些人天生樂觀，面對困難時能夠保持積極的心態，迅速找到解決問題的辦法；而另一些人則可能容易陷入焦慮和擔憂，需要更長的時間來調整自己的情緒。了解自己在壓力下的行為模式，有助於我們找到合適的壓力管理策略，從而更好地應對生活中的各種挑戰。

總結 性格的力量與影響

性格是一個人內在特質的綜合體，決定了我們如何看待世界、處理情感和行動。它不僅影響我們的人際關係和職業選擇，也決定了我們在面對壓力和挑戰時的反應方式。雖然性格具有相對的穩定性，但它並不是固定不變的，隨著經驗和學習的積累，我們的性格可以發生轉變和調整。

理解性格的多重來源和其對生活的深遠影響，能夠幫助我們更好地發揮自身的優勢，並在職業和生活中取得更大的成功。性格塑造了我們，而我們也可以通過努力，塑造並改變自己的性格，找到最適合自己的道路。

Chapter3

性格是你的指南針，引領你實現自己的天命

「性格決定命運」這句話承載了深厚的人生智慧。性格是每個人面對這個世界的方式，天命則是我們在這世間所需完成的使命與最終目標。要找到自己的天命，首先要透徹了解自己的性格，因為性格是實現天命的工具與方法。透過對性格的深刻認識，我們不僅能看清前方的路，更能揭開命運的面紗，找到生命中的真正使命。

性格是實現天命的工具

每個人從一出生就帶有獨特的性格特徵，這些特徵並非偶然，而是上天賦予我們的工具。這些工具幫助我們在生活中完成自己的使命。有些人天性外向，擅長與人交流；有些人則內向，喜歡獨立思考和深度分析。這些性格特質無所謂優劣，只是不同的表現形式。它們各自對應著不同的使命與挑戰。

我們可以把性格看作是一個工具箱，裡面有各種工具。如何使用這些工具，決定了我們面對挑戰的方式。懂得靈活運用自己的性格，便能將性格特質化為實現天命的力量。舉例來

說，一個外向的人，擅長建立人際關係，可能會發現自己的天命在於領導或協調他人，而內向的人則可能在研究或專業技能的深耕中找到自己的使命。

認識性格，揭開天命的面紗

要找到自己的天命，首先需要認識自己性格中的優勢和不足。每個人的性格特質都不同，有些人性格活潑，喜歡挑戰，有些人則穩重保守，注重細節。這些特質並沒有對錯之分，但我們要知道自己應該如何利用這些性格來找到合適的道路。

例如，一個外向的人，可能更適合在人際交往、商業領導或公共演講中發揮天賦；而一個內向的人，則可能在學術研究、產品設計或策劃工作中找到自己的價值。這些不同的性格特徵決定了我們應走的方向。透過觀察自己在生活中的行為模式，並深入思考每一次選擇的背後動機，我們可以逐步揭開天命的面紗。

發現性格中的熱情

性格中的熱情是發現天命的重要線索。每個人都會在某些活動中找到深層的滿足感和動力，這些正是性格的力量所在。當我們投入到自己熱愛的事物中，內心會感到一種持續的驅動力，這樣的事情往往與我們的天命密切相關。

舉個例子，一個擅長與人交流、熱愛溝通的人，可能會發現自己的天命在於推動社會變革、教育或培養他人。而對研究和思考充滿熱情的人，可能會在科學、技術或創作領域中找到使命。性格中的熱情，無論表現在哪個領域，都是我們走向天命的指引。

性格中的挑戰與成長

天命不是一條平坦的道路，往往在我們面對挑戰時，天命才會逐漸浮現出來。每當我們遇到困難，性格會自然而然地引導我們應對。這些挑戰，正是幫助我們磨練性格的機會，也是讓我們更接近天命的過程。

例如，一個外向且行動力強的人，可能會在危機時刻表現出非凡的領導力，帶領團隊走出困境；而一個內向、沉穩的人，則可能在解決複雜問題或制定戰略時顯示出天賦。這些挑戰是對我們性格的考驗，當我們通過挑戰時，便能逐步接近自己的天命。

再舉個例子：假設一位經常扮演協調角色的人，發現自己在衝突解決中擁有很強的能力。在團隊面臨困難時，他發現自己能冷靜地協調各方，並幫助團隊走出危機。這種情況下，他的性格正是他找到天命的關鍵。挑戰不僅讓我們了解自己的強項，也讓我們逐步認識到自己的人生使命。

平衡性格中的強項與弱點

每個人的性格都有優勢與局限。過於依賴強項，可能讓我們忽視其他方面的潛能，而過分在意自己的弱點，又可能會束縛我們的發展。因此，找到性格中的平衡點是至關重要的。

一個外向且喜歡快速行動的人，可能在決策時忽視細節，這時需要學習如何讓自己更加謹慎；反之，一個性格過於謹慎的人，可能會錯失良機，這時就需要培養更強的行動力。這種平衡與調整，是我們實現天命的關鍵。學會在不同的情境中運用合適的性格特質，能夠讓我們在前行的道路上更加順利。

內心的聲音是天命的指引

找到天命的過程中，不僅要靠外在的行動，還要學會傾聽內心的聲音。當我們的選擇與內心契合時，會感到一種深層的平靜與滿足感。這種內在的聲音，往往比外在的建議更加準確，它引導我們走向真正適合自己的道路。

傾聽內心，不僅僅是要在靜默中反思，還要留意在生活中哪些選擇會讓我們感到充實和快樂。當我們能夠放下外界的干擾，內心的聲音就會更加明確。這種內在的感覺，正是我們實現天命的指引。

實踐天命：性格與命運的融合

當我們找到天命後，下一步就是將其付諸實踐。實踐天命不僅是行動，更是性格成長與命運融合的過程。透過不斷的實踐，我們的性格會隨之成熟，天命也會逐漸變得更加清晰。

實踐的過程中，我們會遇到新的挑戰，但這些挑戰正是讓我們不斷進步的動力。性格與天命的融合，使我們的人生不再僅僅是追求外在的成就，而是充滿了意義與目標。當我們的性格與天命合而為一時，我們將會在人生中找到最大的滿足感。

總結

性格與天命之間有著深刻的聯繫。透過認識自己的性格，發掘內心深處的熱情，並在挑戰中成長，我們可以逐步找到並實現自己的天命。性格不是我們的束縛，而是引導我們走向成功的工具。當我們能夠真正掌握自己的性格，聆聽內心的聲音，並勇敢地實踐天命，我們將在人生旅途中找到屬於自己的成功與快樂。

Part 2

揭開性格秘密，找出你的天生優勢

Chapter4

十色性格系統的理論基礎

十色性格的推廣緣起

推廣十色性格系統源自於筆者多年的研究與實踐經驗。隨著時間的推移，筆者發現傳統的性格分類系統往往無法涵蓋人類性格的多樣性與複雜性。人們在不同情境中展現出的行為模式，不僅僅是單一特質的反映，而是多重特質交互作用的結果。這促使筆者深入探索，最終發現了這套更精細、更全面的性格模型「十色性格系統」。這一系統不僅僅是對東西方多種性格學說的結合，更是對人性深層結構的解析。筆者期望透過這一系統，能夠幫助人們更加準確地認識自我，找到個人在團隊和組織中的最佳定位，並運用自身的性格優勢，實現職業成功和個人成長。

十色性格系統：融合東西方智慧的精確性格模型

十色性格系統是一套融合東西方多種性格理論的綜合性格分析工具，透過嚴謹的歸納推理和實證分析，精確揭示個人的先天性格特徵。此系統的設計基於多樣的歷史背景，包括古希臘醫學、現代心理學理論、中國古代曆法、西洋占星學及血型性格理論等，為現代人提供了一套廣泛適用且高度精確的性格分類方法。

歷史與理論來源的融合

十色性格系統的理論基礎來自於多元化的性格學說，融入了東西方智慧：

・**古希臘醫學中的四體液說：**古希臘醫學家提出的多血質、黏液質、膽汁質、抑鬱質等體液分類，將性格與身體的生理狀態相聯繫。

・**威廉・馬斯頓博士的人格理論：**1920 年代提出的 DISC 理論，將人的性格分為支配型、影響型、穩定型和謹慎型，為現代性格研究奠定了基礎。

・**中國古代曆法與五行學說：**揭示了性格與自然規律的關聯，強調了天文和自然環境對個人性格的影響。

・**西洋占星學與血型性格理論：**這些理論補充了性格與命運、身體特徵的關係，使性格分析更加多層次化。

理論基礎與主要性格特質

十色性格系統通過歸納推理和實證分析，專注揭示個人的先天性格。該理論將人類的性格分為四種主要特徵，請看下頁圖：

- **黑色（直率型）：**果斷直接，偏向控制與高效，具領導能力。
- **紅色（活躍型）：**熱情外向，善於激勵與推廣，適合市場和社交角色。
- **綠色（隨和型）：**溫和穩定，重視和諧，擅長支援與協調。
- **藍色（謹慎型）：**理性分析，注重細節，擅長策略與規劃。

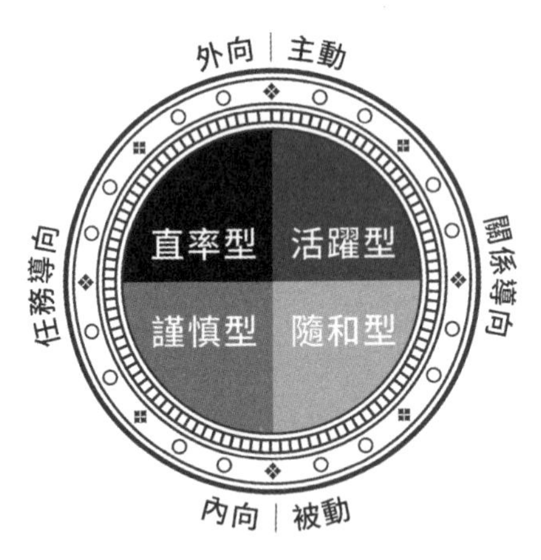

性格導向四象限圖

十種主導色與四種輔助色

這四種主要性格進一步延伸為十種主導色，通過單色或組合色的形式呈現不同的性格類型：

1. **黑色人（開創者）**：具開創精神，勇於創新與突破。
2. **紅色人（推廣者）**：活躍外向，擅長推廣與社交。
3. **綠色人（支援者）**：穩定可靠，重視支持與合作。
4. **藍色人（分析者）**：理性謹慎，擅長分析與解決問題。
5. **黑紅色人（推動者）**：結合果斷與行動力，推動項目進展。
6. **黑綠色人（整合者）**：兼具戰略與協調能力，善於資源整合。
7. **紅綠色人（協調者）**：善於平衡多方需求，促進團隊合作。
8. **紅藍色人（策略者）**：結合創意與邏輯，擅長長期規劃。
9. **黑藍色人（改革者）**：具變革能力，推動創新與改進。
10. **綠藍色人（策劃者）**：穩健且有計畫性，擅長制定詳細方案。

同時，十色性格理論加入了**四種輔助色**（黑、紅、綠、藍），與主導色組合，構成四十種不同的性格類型，精確描繪個體的複合性格特徵，為性格分析提供了更具深度的應用與解釋。

綜合性與精確性

十色性格系統的最大優勢在於其綜合性和精確性。它不僅可以識別出人的先天性格特徵，還能夠精準分析出這些性格如何在不同環境中表現。因此，該系統既適用於個人性格分析，也能用來組織管理、團隊合作以及跨文化的溝通理解。

Chapter5

十種性格特質與行為模式

一、黑色人（開創者）

自信、果斷、結果導向

黑色人像是職場中的探險家，永遠走在最前線。他們無懼挑戰，總是以最快的速度做出決策，為團隊指明方向。他們的領導力天生強大，無論遇到多大的困難，他們都會果斷解決，毫不猶豫。在一場公司危機中，黑色人不會等待或依賴他人的意見，而是迅速評估局勢，提出果敢的解決方案。然而，這種對結果的執著，有時讓他們忽略了團隊成員的感受，可能導致內部關係緊張。

1. 性格特質：果斷、直率、具有高度目標導向。
2. 性格需求：控制、成就、挑戰。
3. 性格優勢：決策迅速、能夠推動變革和創新。
4. 性格弱勢：可能過於強勢、不耐煩、忽視細節。
5. 決策模式：快速決策，基於目標和結果；喜歡掌控局面，重視效率。

6. 溝通方式：直接、簡潔、重點突出；喜歡挑戰和競爭，可能顯得咄咄逼人。
7. 合作模式：喜歡領導和控制合作過程，傾向於掌控大局。
8. 職務傾向：執行長、高級管理人員、創業者、項目領導。

二、紅色人（推廣者）

外向、樂觀、善於交際

紅色人是團隊中的火焰，他們的熱情和能量源源不絕，能夠點燃周圍的人。他們總能迅速讓氣氛活躍起來，並且他們的幽默感和樂觀態度能讓大家充滿正能量。他們在客戶面前侃侃而談，總能用簡單的語言打動人心，從而促進業務的快速發展。然而，紅色人的挑戰在於容易過於隨性，往往在面對複雜任務時，缺乏計畫性和耐心。他們像一匹未馴服的野馬，時而難以掌控自己的方向。

1. 性格特質：外向、善於溝通、富有感染力。
2. 性格需求：認可、社交、影響力。
3. 性格優勢：擅長推廣和宣傳，能夠激發他人的興趣和熱情，建立強大的人際網絡。
4. 性格弱勢：可能缺乏組織性、容易分心、過於樂觀。
5. 決策模式：基於直覺和他人的反饋，注重創意和可能性；喜歡獲得他人的認可和支持。

6. 溝通方式：熱情、友好、充滿感染力；善於推動和鼓勵他人，重視互動和交流。
7. 合作模式：喜歡與他人合作，重視團隊氣氛和互動，善於促進合作和協調。
8. 職務傾向：市場推廣專員、公共關係專家、品牌經理、銷售代表。

三、綠色人（支援者）

耐心、忠誠、可靠

如果說團隊是船，那麼綠色人就是那隻穩定的錨。他們的耐心和忠誠，讓他們成為不可或缺的後盾。當團隊陷入混亂時，綠色人會以其安定的力量維持和諧。他們擅長傾聽，願意投入大量時間去幫助他人，無論是處理細節還是照顧情感需求。然而，他們有時過於保守，對變化心存畏懼，這可能會阻礙他們在變革浪潮中迅速調整自己的步伐。

1. 性格特質：耐心、忠誠、可靠，重視穩定和和諧。
2. 性格需求：安全、支持、穩定。
3. 性格優勢：穩定可靠、擅長支持和協作、耐心聆聽。
4. 性格弱勢：可能過於被動、抗拒變化、不善於處理衝突。
5. 決策模式：慢速決策，基於團隊共識和穩定性；喜歡確保每個人都同意。

6. 溝通方式：溫和、有耐心、傾聽他人；重視和諧和團隊合作，避免衝突。
7. 合作模式：喜歡在穩定的環境中合作，擅長提供支持和協助。
8. 職務傾向：行政助理、客戶服務、協調員、人力資源管理。

四、藍色人（分析者）

細心、謹慎、分析能力強

藍色人如同精密儀器，他們能夠準確地觀察每一個細節，並以理性和數據支持來解決問題。在會議室中，他們是那些不聲不響卻極具價值的角色，因為他們的分析和見解總能為團隊提供關鍵的決策依據。對於藍色人來說，數據是無法挑戰的真理，這讓他們在追求完美的過程中不會妥協。然而，這種對精確性的執著，有時會讓他們變得過於挑剔，難以在快速變動的情境下做出靈活應變。

1. 性格特質：注重細節、嚴謹、分析能力強。
2. 性格需求：準確性、結構、品質。
3. 性格優勢：高效能、精確分析、擅長解決複雜問題。
4. 性格弱勢：可能過於挑剔、缺乏靈活性、不善於應對快速變化。

5. 決策模式：基於數據和分析，注重準確性和細節；喜歡有足夠的訊息和時間來做出決策。
6. 溝通方式：有條理、詳細、以事實為基礎；喜歡用數據和證據來支持觀點。
7. 合作模式：喜歡在結構化的環境中合作，重視細節和準確性。
8. 職務傾向：數據分析師、研究員、財務專家、品質控制專員。

五、黑紅色人（推動者）

果斷、有感染力、積極進取

黑紅色人像是賽車手，他們的果敢和熱情推動著整個團隊飛速前進。他們不僅擅長快速做出決策，還能以自己強大的感染力鼓舞團隊士氣，讓所有人都熱血沸騰。他們從不懈怠，總是以積極進取的態度推動工作向前。然而，有時他們的急躁會導致思慮不夠全面，容易做出過於倉促的決策。

1. 性格特質：積極、行動導向、激勵他人。
2. 性格需求：影響力、成就感、挑戰。
3. 性格優勢：擅長推動和激勵團隊、能夠快速做出決策、具備強大的行動力。
4. 性格弱勢：可能過於強勢和急躁、不耐煩細節、不善於持久執行。

5. 決策模式：快速決策，基於目標和直覺；喜歡挑戰和推動變革。
6. 溝通方式：充滿熱情、直接、激勵性強；善於影響和推動他人，喜歡挑戰。
7. 合作模式：喜歡帶領和激勵團隊，重視目標和結果。
8. 職務傾向：銷售主管、創新領袖、變革推動者、項目經理。

六、黑綠色人（整合者）

堅定、踏實、果斷

黑綠色人像是山，他們穩如磐石，既果斷又踏實。他們擅長整合各種資源，並能在穩定的基礎上快速做出決策。他們是團隊中的穩定力量，能夠在壓力下保持冷靜並做出正確的選擇。然而，黑綠色人有時過於依賴既有的框架，缺乏靈活性和創造力，這讓他們在面對新挑戰時，往往反應不如那些更具適應性的性格來得迅速。

1. 性格特質：穩定、果斷、協調。
2. 性格需求：控制、穩定、協調。
3. 性格優勢：擅長資源整合和協調、能夠在變革中保持穩定、兼具果斷和耐心。
4. 性格弱勢：可能缺乏靈活性、過於依賴計畫、不善於應對突發事件。

5. 決策模式：基於事實和團隊共識，注重計畫和穩定；喜歡整合資源和確保計畫的執行。
6. 溝通方式：有條理、穩定、協調；重視計畫和協作，確保所有人都在同一線上。
7. 合作模式：喜歡協調和整合資源，確保團隊協同作戰。
8. 職務傾向：項目經理、資源協調者、營運主管、計畫負責人。

七、紅綠色人（協調者）

親和、友善、樂於助人

紅綠色人是團隊中的潤滑劑，總是用他們的親和力和協調能力讓團隊保持和諧。他們善於理解他人的需求，並積極協助解決衝突。他們常常在背後默默工作，讓整個團隊能夠順利運行。然而，他們過於在意他人的想法，這讓他們在關鍵時刻往往缺乏果斷，無法堅持自己的意見。

1. 性格特質：友好、合作、靈活。
2. 性格需求：認可、支持、和諧。
3. 性格優勢：擅長建立和維護人際關係、提升團隊協作、善於溝通和協調。
4. 性格弱勢：可能缺乏決策力、過於依賴他人、不善於處理衝突。

5. 決策模式：基於團隊共識和他人意見，注重和諧和支持；喜歡確保所有人都感到舒適。
6. 溝通方式：友好、溫和、充滿關懷；善於協調和建立關係，重視他人的感受。
7. 合作模式：喜歡在和諧的氛圍中合作，擅長協調和支持他人。
8. 職務傾向：客戶服務經理、人力資源專家、團隊協調員、社交活動策劃師。

八、紅藍色人（策略者）

友善、細心、善於溝通

紅藍色人同時具備紅色人的社交能力和藍色人的精確分析能力，他們在團隊中是不可或缺的策略家。他們既能保持良好的人際關係，又能透過詳細的分析找到解決問題的最佳方案。然而，這類人有時會陷入過度分析的陷阱，難以在複雜的選擇中迅速做出決策。

1. 性格特質：系統化、分析性、影響力強。
2. 性格需求：影響力、準確性、策略。
3. 性格優勢：擅長制定戰略和規劃、能夠深度分析和提供洞察、兼具創意和嚴謹。
4. 性格弱勢：可能過於理想化、忽視實際操作細節、不善於迅速行動。

5. 決策模式：基於數據和長期規劃，注重戰略和準確性；喜歡深入分析和制定長期計畫。
6. 溝通方式：詳細、有條理、具說服力；善於用數據和邏輯來支持觀點，影響他人。
7. 合作模式：喜歡在戰略層面合作，重視數據和計畫。
8. 職務傾向：策略師、顧問、規劃師、市場分析師。

九、黑藍色人（改革者）

精確、果斷、注重結果

黑藍色人是完美地結合了果敢和精確。他們能夠在壓力下快速做出精確的決策，追求高效和準確。他們通常是改革的推動者，無論是在組織內部還是外部，他們都希望帶來積極的變革。然而，他們的果斷和精確有時會讓他們顯得過於嚴苛，難以接受他人的意見，這可能會影響團隊合作的效果。

1. 性格特質：創新、果斷、分析性強。
2. 性格需求：創新、控制、準確性。
3. 性格優勢：具備強大的創新能力和解決問題的能力、能夠有效結合創意和實踐。
4. 性格弱勢：可能過於挑剔和苛刻、不善於團隊協作、缺乏耐心。
5. 決策模式：基於創新和實踐，注重效率和精確性；喜歡快速解決問題和推動創新。

6. 溝通方式：直接、具創意、基於事實；善於提出新想法和解決方案，喜歡挑戰現狀。
7. 合作模式：喜歡推動變革和創新，重視結果和效率。
8. 職務傾向：研究開發主管、技術創新專家、戰略規劃師、變革管理專家。

十、綠藍色人（策劃者）

謹慎、可靠、穩定

綠藍色人是團隊中的「策劃者」，他們擅長保持冷靜、有條理地推動工作。他們注重細節，確保每一步都在計畫中，並能提前預見問題，為團隊提供穩定的支持。他們在長期計畫和項目管理中表現出色，是需要持續跟進工作的理想人選。然而，他們有時過於依賴既定的計畫，當面臨變革或需要創新時，他們可能顯得較為遲緩。

1. 性格特質：穩定、謹慎、系統化。
2. 性格需求：穩定、準確性、結構。
3. 性格優勢：擅長制定詳細計畫和監控進展、能夠提供穩定和可靠的支持、注重細節和品質。
4. 性格弱勢：可能過於保守和缺乏創意、抗拒變化和風險、不善於應對突發事件。
5. 決策模式：基於詳細計畫和數據，注重準確性和穩定性；喜歡有明確的計畫和結構。

6. 溝通方式：有條理、詳細、穩定；善於制定計畫和監控進展，重視事實和數據。
7. 合作模式：喜歡在穩定和結構化的環境中合作，重視計畫和精確性。
8. 職務傾向：行政管理者、數據分析師、質量控制專家、計畫和項目管理。

大多數人擁有兩種性格顏色組合

在十色性格系統中，大多數人擁有兩種顏色的性格組合，這類雙色組合的個體約占整體的60%，他們通常能在特定領域中展現顯著的優勢，雙色性格讓其特質更為鮮明且具針對性。約30%的人擁有三種顏色的組合，他們以一種主導色（由兩種顏色組成的雙色）為核心，再輔以另一種輔助色，形成較為多元的性格特徵，具備在多領域中靈活適應的潛力。最後，僅約10%的人擁有單一顏色的性格組合，他們的特質極為專注，能在單一領域中發揮出色。這樣的分布模式反映了性格顏色的多樣性以及人們在不同場景中的適應與發揮特長的能力。

例如，一個主導色為黑綠色，輔助色為藍色的性格組合展現出以下特質：

- **主導性格特質**：穩定、果斷、擅長協調。
- **輔助性格特質**：注重細節、嚴謹、具備一定的分析能力。

這樣的性格組合展現出高度的穩定性與決策能力，特別是在處理複雜的項目時，他們能夠精確地整合資源，有效推動團隊前進。同時，輔助的藍色特質賦予他們對細節的高度關注，讓他們在做決策時總是依據數據和事實，確保結果的準確性。

這類性格的需求也十分明確，他們尋求穩定性和結構感，並且對準確性有高度要求。他們的決策模式基於數據分析和團隊共識，重視每一個細節，並保持精確的掌控。在溝通上，他們以有條理且穩定的方式呈現觀點，喜歡用數據和事實來支持自己的論點。

在合作過程中，這類人喜歡協調和整合資源，保持穩定的控制和決策，並強調準確性和結構，這使得他們在團隊合作中成為可靠的領導者與協調者。

通過這樣的性格系統，我們可以清晰地看出主導色的重要性。無論性格組合中是否包含輔助色，主導色總是引領整體性格特徵，而輔助色則補充並增強了特定領域的能力。在這種框架下，理解自己的主導色和輔助色有助於更好地運用性格優勢，提升個人和團隊的表現。

是否有人同時具備四種性格特質？

擁有四種性格特質的人極為罕見，幾乎難以見到。即便某人展現出多重性格特質，這些特質之間通常會有明顯的主次之分。在不同的情境中，某些特質會更加突出，這意味著每個人在不同的場合下，會依據需求展現其最強的特質。真正完全均衡的四重性格在現實中幾乎不存在。

實際上，性格的主導特質往往決定了個人在大部分情境中的反應與行為，而輔助特質則提供了額外的支持或調整。因此，擁有多重特質的人，雖然可以靈活應對各種情境，但最終還是會根據情境的需求展現出某一或兩個主要的性格特質，來引領行為和決策。這也進一步強調了理解自身主導特質和輔助特質的重要性，因為這樣能幫助我們在不同情境中最大化發揮優勢。

Chapter6

探索你的色彩！十色性格測評指南

在這章中，我們將探討「性格測評」，這是一個揭示個人性格特質的關鍵步驟。通過一套精心設計的問卷，你將能夠清楚地認識自己在十色性格系統中的具體位置，進而更好地理解自身性格及其在生活、工作中的影響力。

性格測評如同一面鏡子，它幫助我們反映出性格的真實面貌，從而揭示我們的行為模式和思考方式。這份測評問卷針對四大主要性格特質（黑、紅、綠、藍）分別設計了五個問題，通過這些問題來綜合分析你的性格分數，從而識別你在十種性格類型中的定位。

參閱附錄 1：現實性格特質檢測問卷，進一步了解如何應用問卷來評估自己的性格類型。

問卷評分方法

這部分將介紹「問卷評分方法」，這是現實性格檢測中的關鍵步驟。透過這個精確的評分系統，我們能夠量化每個人的性格特質，幫助你進一步了解自己。

1. Likert 量表：問卷中的每個問題都提供了五個選項，從「非常不同意」到「非常同意」，分別代表 1-5 分。這種設計可以幫助你清晰地反映出對每個陳述的感受，從而準確衡量不同性格特質的強弱。

2. 評分範圍：完成問卷後，將每個特質下的問題得分相加。每個性格特質的得分範圍在 5-25 分之間，分數越高，代表該特質在你的性格中占有越重要的位置。

3. 結果解讀：根據最終得分，將每個性格特質分為高分、中高分、中分和低分四個層級。這些分數不僅能幫助你識別出自身性格中的主要驅動力，還可以指導你在個人成長和職業發展中的具體行動方向。

分數標準設定

分數不是一個簡單的數字，而是揭示你性格深度的工具。根據不同特質的得分，我們可以進一步將其分類為四個層級：

・高分（20-25 分）：這類得分表示該性格特質在你的性格中占據主導地位，對你的行為和決策有著顯著影響。

・中高分（15-19 分）：這類得分顯示該特質在你的性格中仍然很重要，但有一些提升空間。

・中分（10-14 分）：這類得分表示該特質在你的性格中扮演次要角色，僅在特定情境下發揮作用。

・低分（5-9 分）：這類得分顯示該特質在你的性格中影

響力較小，可能需要進一步加強。

黑色特質測試：果斷與領導力的體現

黑色特質代表果斷、目標導向與控制力。在職場和生活中，這些特質可以幫助你迅速做出決策，並有效地帶領團隊走向成功。透過以下幾個問題，我們將測量黑色特質在你性格中的強度。

1. 當面臨困難決策時，你是否會迅速做出決定？這個問題探討你的決斷力，是否能在挑戰來臨時快速做出決策，這是黑色特質的核心表現之一。

2. 你是否喜歡設定挑戰性目標？挑戰性目標能夠測量你的目標導向性，這展示了你對成功的追求及在目標達成中的決心。

3. 你是否會直率地表達自己的意見？黑色特質的一個關鍵要素是直率性，這反映出你在與他人交流時，是否敢於表達自己的真實想法。

4. 你是否經常在團隊中扮演領導角色？領導力和掌控力是黑色特質的重要組成部分，這個問題測量你在團隊中的領導傾向，是否善於帶領並影響團隊走向成功。

5. 你是否更傾向於掌控局面？控制力是黑色特質的另一個關鍵面向，這反映出你在面對複雜情況時，是否有強烈的欲望去掌控局勢。

紅色特質測試：活力與社交能力

紅色特質代表活力、熱情與社交性。在社交場合中，這些特質能夠幫助你快速與他人建立聯繫，並通過有效的溝通來影響他人。以下幾個問題將測量你在紅色特質上的表現。

1. 你是否喜歡與他人互動並建立新關係？這個問題衡量你的社交能力，與他人互動並建立聯繫是紅色特質的核心特徵之一。

2. 你是否擅長通過溝通來影響他人？影響力是紅色特質的關鍵，這反映出你是否能夠利用溝通來說服他人或引導局勢。

3. 你是否經常能夠激勵和鼓舞他人？作為一個充滿活力的人，你是否能通過自己的熱情來激勵周圍的人？這個問題正是用來測量這一點。

4. 你是否認為自己充滿熱情和活力？紅色特質通常表現為高能量和強烈的熱情，這個問題幫助你衡量這些特質在你性格中的體現程度。

5. 你是否喜歡參與社交活動並擴展人脈？喜愛社交和積極參與活動是紅色特質的另一個表現。這個問題測量你在這方面的傾向。

綠色特質測試：穩定與支持性

綠色特質代表內心的穩定、對和諧的追求，以及對他人的支持性。這些特質能幫助你成為一個可靠的團隊成員，並在壓力下保持冷靜與耐心。以下幾個問題將測量你在綠色特質上的表現。

1. 你是否喜歡在工作中尋求穩定和和諧？這個問題衡量你在工作環境中對穩定性的追求，喜愛穩定和和諧是綠色特質的重要表現。

2. 你是否樂於幫助他人並提供支持？支持性是綠色特質的核心之一，這反映出你是否在團隊中樂於提供幫助和支持。

3. 你是否在壓力下能夠保持冷靜和耐心？綠色特質通常表現為在面對挑戰時能夠保持冷靜，這個問題測量你在壓力下的應對能力。

4. 你是否重視長期的人際關係？長期關係的維護是綠色特質的另一個關鍵面向，這個問題探討你是否在與人交往中重視長期穩定的聯繫。

5. 你是否更喜歡跟隨既定流程而不是冒險？喜愛按部就班的方式來處理事情也是綠色特質的典型特徵，這個問題測量你的行動方式和冒險精神。

藍色特質測試：謹慎與精確性

藍色特質代表對細節的關注、數據的依賴以及對精確性的追求。這些特質幫助你在職場中做出周密的決策，並確保工作的品質和準確性。以下幾個問題將測量你在藍色特質上的表現。

1. 你是否重視細節並追求精確？這個問題衡量你的細節關注度，精確性和謹慎是藍色特質的核心表現之一，這反映你是否在工作或生活中高度重視每個細節，確保不遺漏任何訊息。

2. 你是否擅長分析數據並做出合理結論？藍色特質的另一個重要表現是你對數據的敏感度和分析能力。這個問題衡量你是否能通過數據分析來得出合理的結論，並基於事實做出決策。

3. 你是否在決策時更傾向於依賴數據和證據？藍色特質的重點在於決策的客觀性與理性。這個問題探討你是否在決策過程中依賴數據與證據，而非情感或直覺來指引行為。

4. 你是否重視工作的質量和準確性？對工作的高標準要求是藍色特質的典型特徵。這個問題衡量你是否在職業生涯中努力達到高品質標準，並持續追求準確性和完善性。

5. 你是否喜歡遵循規範和流程？藍色特質的典型行為之一是對規範和流程的遵從。這個問題探討你是否在工作中喜歡依照既定規則與流程運作，並且不輕易冒險或偏離規則。

結果分析與解讀

在你完成所有測試問題後，我們將對各個性格特質的總得分進行解讀。根據每個特質的得分，你可以明確了解自己在黑色、紅色、綠色和藍色特質上的表現，從而判斷你屬於哪一類十色性格類型。

1. 高分（20-25 分）：這表示該特質在你的性格中非常強烈，對你的行為與決策有顯著的影響。例如，黑色高分意味著你是個果斷且領導力強的人，能夠迅速做出決策並控制局勢。

2. 中高分（15-19 分）：這表示該特質在你的性格中具有重要地位，雖然可能不是最強的特質，但依然對你產生重要影響。例如，紅色中高分表明你在社交場合有較強的影響力，但可能還有進一步提升空間。

3. 中分（10-14 分）：這表示該特質存在於你的性格中，但在某些情境下才會表現得更加突出。例如，綠色中分可能表明你在工作中重視和諧與穩定，但並非每個情境下都這麼強調。

4. 低分（5-9 分）：這表示該特質對你的性格影響較小，可能需要進一步提升。例如，藍色低分意味著你不太依賴細節與數據來做決策，更傾向於直覺和快速行動。

十種性格類型的識別方法

透過對四大特質（黑、紅、綠、藍）的得分分析，我們可以將個人歸類到十種性格類型中。這些類型將幫助我們進一步了解不同情境下的行為傾向與決策風格。

1. 黑色人（直率型）：當黑色得分最高且明顯高於其他顏色時，這類人往往果斷、直接，能迅速做出決策並在壓力下保持冷靜和控制力。

2. 紅色人（活躍型）：當紅色得分最高時，這類人通常充滿活力、善於社交，擅長與他人建立關係，並且能夠在不同場合中激發活力。

3. 綠色人（隨和型）：當綠色得分最高時，這類人追求和諧與穩定，喜歡幫助他人並重視長期的穩定關係，適合在穩定團隊中工作。

4. 藍色人（謹慎型）：當藍色得分最高時，這類人通常謹慎細心，注重細節與數據，並依賴精確性來做出決策，是可靠的數據分析者。

5. 黑紅色人（直率活躍型）：當黑色和紅色得分較高時，這類人結合了直率與活力的特質，既果斷又熱情，能夠在決策和社交場合中同時發揮影響力。

6. 黑綠色人（直率隨和型）：當黑色和綠色得分較高時，這類人結合了果斷和隨和的特質，既能在面對壓力時迅速做出決策，又能在人際關係中維持和諧。

7. 紅綠色人（活躍隨和型）：當紅色和綠色得分較高時，這類人既活躍又隨和，能夠在社交場合中保持高度的互動性，同時具備穩定性與支持性。

8. 紅藍色人（活躍謹慎型）：當紅色和藍色得分較高時，這類人結合了活力與謹慎，既能在社交場合中表現出色，又能在工作中注重細節與精確。

9. 黑藍色人（直率謹慎型）：當黑色和藍色得分較高時，這類人既果斷又謹慎，能迅速做出基於事實的決策，並在壓力下保持冷靜與精確。

10. 綠藍色人（隨和謹慎型）：當綠色和藍色得分較高時，這類人追求穩定與精確，既能在人際關係中保持穩定，又能在工作中謹慎分析，適合團隊中的策劃者角色。

總結

性格檢測不僅幫助我們更深入了解自己的性格特質，還能為我們的職業發展、團隊合作和個人成長提供具體的指導。透過這些測評結果，我們能夠識別出自己性格中的優勢與需要加強的部分，並有針對性地制定發展計畫。

以上現實性格檢測的結果能幫助你短期內針對行為模式進行改善，但要真正了解你的先天性格，仍然需要透過十色性格系統測算分析來進行更深入的評估。後天性格可以隨著經驗有所調整，但先天性格更為穩固，是塑造你行為模式的核心，只有透過完整的十色性格測算，才能全面掌握自己與生俱來的性格特質，從而在生活和職業中做出更具前瞻性的決策。

Chapter7

現實與先天性格的雙重檢測

在性格探索的過程中，理解我們當下的行為表現與深層的性格基因同樣重要。性格不僅是天生的，也在後天的經歷中不斷演化。要全面了解自己，我們需要區分「現實性格檢測」與「先天性格測算」兩個面向，這將幫助我們更好地掌握性格優勢，並進行有效的調整與規劃。

現實性格檢測：當下行為的鏡子

現實性格檢測主要展示的是你當下的性格表現，這些表現是後天經歷與環境的綜合影響，也是你當前行為模式的具體體現。這類檢測能夠幫助你認識自己在不同情境下的反應，尤其是面對壓力、挑戰或社交場合時的即時行為。你可能發現，在壓力下容易感到焦慮或做出衝動決策，現實性格檢測能夠幫助你識別這些特質，並找到改善和調整的方法。

現實性格檢測的特點

. **即時行為反應**：現實性格檢測反映的是你當前情境中的行為模式，這些模式受後天經歷的影響較大。它幫助你了解短期內的性格狀態以及需要改進的地方。

. **短期性格調整**：通過了解自己在不同情境下的表現，你可以根據測試結果制定具體的行動計畫。例如，如果你發現自己在壓力下表現不佳，可以採取針對性的措施來提高情緒管理能力。

然而，這類測試主要關注的是你在當下表現出來的行為模式，它受制於環境和經驗的影響較大，並非揭示性格的深層結構。因此，要了解你最核心的性格特徵，還需要更深入的分析。

先天性格測算：內在性格的基石

與現實性格檢測不同，先天性格測算旨在揭示你深層次的性格特質，這些特質通常在生命的早期已經確立，並在後天經驗中難以被完全改變。這些深層次的性格特徵是你長期行為和決策的基礎，影響著你如何看待世界、處理問題，以及如何在人際關係中互動。

先天性格測算的特點

・**穩定且難以改變**：先天性格反映了你性格中那些根深蒂

固的特質，這些特質在長期中難以徹底改變，但它們是你行為和決策的基礎。例如，如果你天生較為內向，即使你在後天學會了如何應對社交場合，內向仍然會是你性格的核心之一。

- **長期性格規劃**：理解自己的先天性格有助於你制定長期的人生和職業規劃。你可以根據這些穩固的性格特質，找到適合自己的職業方向和人際互動方式，從而在長期發展中取得更好的平衡。

例如，如果你通過測算發現自己天生傾向於內向、謹慎，你可以在職場中制定策略，利用這一特質在適合的工作中發揮出色，而不必強迫自己在不擅長的領域過度外向或冒險。

兩者的互補性：現實與先天的連動

現實性格檢測能夠幫助我們理解當下的性格表現和反應模式，而先天性格測算則深入揭示那些穩固且難以改變的內在性格特質。要全面認識自我，這兩種測試是互補的。

在當前階段，現實性格檢測可以幫助你識別需要短期內調整和改進的地方，讓你在面對壓力或挑戰時能夠做出更好的反應。而先天性格測算則為你提供長期的性格理解，幫助你在制定未來的職業規劃和人際互動策略時，有更具前瞻性的指導。

全面理解：從現實到內在的性格探索

需要注意的是，現實性格檢測僅能展示你後天性格的表現，這些表現會隨著經驗、環境以及情境的變化而有所不同。要全面了解你的深層性格，仍然需要透過**十色性格測算系統**來進行更精確的評估。

後天性格雖然可以通過經驗和學習來調整，但先天性格則是性格發展的基石。通過十色性格系統的完整測算，你將能夠準確識別自己的先天性格特質，這將為你的長期規劃和生活決策提供更可靠的基礎。

因此，只有結合現實性格檢測與先天性格測算，才能全面了解自己，進而根據這些結果制定短期與長期的發展計畫，讓你在職場和生活中發揮最大的潛力。

Chapter8

解讀先天性格測算結果

在本章中，我們將介紹如何運用**十色性格測算系統**（測算網址：www.tpmitest.tw）進行個人性格分析，並通過一個具體的案例展示這些分析結果如何應用於生活和工作中。這些分析將深入揭示個人性格特質，並提供具體建議，以便測算者能夠在職業和個人成長方面充分發揮其潛力。

性格測算的步驟與資料輸入

性格測算是一個精確且個性化的過程，需要測算者提供準確的個人資訊。以下是進行性格測算的基本步驟：

1. 輸入正確資訊

為了得到精確的性格分析，測算者需要提供完整的個人資料，包括姓名、年齡、性別、職業背景等。這些訊息將幫助系統更具針對性地生成分析報告。

2. 立即分析資料

十色性格測算系統將基於測算者提供的資料進行個性化分析。這一過程會快速解析測算者的主要和次要性格特質，並揭示其行為模式、職業潛力和個人優勢。

3. 回傳分析報告

完成性格分析後，報告將通過電子郵件發送給測算者。這份報告將詳細解釋其性格特點及發展方向，並提供針對性的成長建議。

這些步驟完成後，測算者將對自己的性格特質有更深入的理解，並能依據這些洞見來制定更明確的職業和個人成長計畫。

個人資料的重要性

每位測算者提供的資料對於性格測算的準確性至關重要，以下是需要填寫的主要訊息：

- **電子郵件**：用於接收性格分析報告。
- **姓名**：個性化報告中使用的基本身分訊息。
- **性別**：根據性別差異進行精確的性格分析。
- **出生日期**：考量其對性格特質的潛在影響因素。
- **聯絡電話**：必要時進行後續與測算者溝通。
- **血型**：納入血型分析，以提升結果的全面性和客觀性。

這些基本資料為測算系統提供了分析的基礎，確保報告能針對個人進行具體的性格解讀，並提供切合實際的成長建議。

案例說明：先天性格的性格測算結果

以下是一個具體的性格測算案例，以幫助我們理解性格測算結果如何應用於現實生活和職場中。

基本資料：

- **姓名**：張友名
- **性別**：男性
- **出生日期**：1978年12月5日
- **血型**：B型
- **職業背景**：張先生是一位經驗豐富的中高階管理者，曾在多家知名企業擔任要職，展現出強烈的領導才能。

測算結果：黑紅色性格（推動者）

根據十色性格測算結果，張友名先生的主要性格色彩為黑紅色，即黑色（比重占60%）及紅色（比重占40%）。這種黑紅色組合顯示出張先生是一位擁有強烈動力和果斷能力的領導者，具備快速決策與積極推動項目進展的能力。

性格特徵與行為模式分析

1. 黑色特質（直率型）：張先生在做決策時非常果斷，注重結果並追求效率。他喜歡掌控局面，並具備很強的決策力和行動力，尤其在壓力情境下表現出色。他傾向於在團隊中扮演核心角色，並能快速推動團隊實現既定目標。

2. 紅色特質（活躍型）：張先生擁有極高的熱情與活力，善於激勵他人並與人建立緊密的互動關係。他在社交場合中往往表現突出，能夠迅速掌握局面並贏得信任。他對挑戰充滿熱情，並將每一次挑戰視為展現自我能力的機會。

推動者的職場表現

根據測算結果，張先生在職場中的角色被歸類為**推動者**。這類性格的人具備領導魅力，擅長快速決策和推動團隊行動，尤其在需要快速反應的情境下，能夠迅速做出果斷的決策並推進項目。具體的行為特徵如下：

1. 領導風格：張先生展現出強大的領導才能，能夠迅速掌控局面並帶領團隊走向成功。他的果斷性和行動力使他在團隊中扮演關鍵角色，尤其適合處理快速變化和高壓環境下的挑戰。

2. 溝通風格：張先生的溝通風格非常直接且充滿自信。他擅長激勵他人，並能通過清晰的語言迅速傳遞訊息。然而，由於他的直率性格，有時可能會忽略人際間的情感需求，導致溝通過程中出現摩擦。

3. 團隊角色：作為推動者，張先生在團隊中扮演核心領導者的角色。他的熱情和果斷使他能夠迅速解決問題，並引導團隊朝著共同目標邁進。

4. 壓力下的應對能力：張先生在壓力情境下表現尤為突

出。他能夠保持冷靜並快速做出決策，然而，過度追求效率和結果可能會讓他忽略團隊成員的感受，這在長期合作中可能會導致潛在的問題。

個性特徵的全面解讀

根據張先生的測算結果，我們可以進一步分析他在不同情境下的表現特徵，並指出其優勢與挑戰：

性格優勢

1. 果斷性與行動力：張先生具備強大的決策能力和行動力，能夠快速應對挑戰並推動項目進展。他擁有高效的工作風格，並能夠引導團隊成員快速達成目標。

2. 領導力與影響力：他的領導才能表現在激勵他人和推動團隊成功上。他的自信和決策力讓他在團隊中擁有強大的影響力。

性格挑戰

1. 情感敏感度不足：張先生的性格過於果斷和專注於結果，可能導致他在工作中忽視情感細節，尤其是在處理人際關係時。他需要更多地關注團隊成員的感受，以促進更和諧的合作。

2. 過度追求效率：過於強調效率和結果可能讓張先生在工作中壓力過大，並且容易忽略過程中的細節和團隊成員的協作需求。這可能會導致團隊內部的壓力和潛在的衝突。

發展建議：提升情感管理與人際關係

為了幫助張先生充分發揮自己的領導才能，同時克服性格中的挑戰，我們提出以下發展建議：

1. 強化情感管理能力：張先生可以通過提升情感智商來更好地處理人際關係。學習如何關注團隊成員的需求與感受，能夠讓他在團隊中建立更強的信任，並減少潛在的摩擦。

2. 平衡結果與過程：張先生應該嘗試在追求結果的同時，更多地關注過程中的細節和團隊合作的重要性。這將有助於建立一個更加平衡且高效的團隊，並在長期合作中保持穩定的關係。

3. 繼續發展領導才能：張先生已展現出優異的領導才能，因此建議他繼續發展這一方面的能力，特別是在需要快速決策和高效推動項目的情境中。他可以通過挑戰更具創新和動態的職業機會，進一步提升自己的領導水平。

職場與個人成長的應用

綜合張先生的測算結果，我們可以看出，他是一位充滿動力、具備高度決策力和行動力的領導者，適合在充滿挑戰和快速變化的環境中工作。透過更好地平衡情感管理與結果導向，他可以在職場中發揮出更大的潛力，帶領團隊實現長期目標。

性格測算的結果不僅提供了對張先生性格的深度解讀，還為他在未來的職業發展中提供了具體的建議和行動方向。這些洞見將幫助他在工作和生活中做出更具前瞻性的決策，並在各種挑戰中取得更大的成功。

參閱附錄 2：十色性格測算分析報告，進一步了解如何解讀與分析先天性格類型。

總結 透過十色性格測算實現自我提升

通過這次十色性格測算，張友名先生得以深入了解自己的性格特徵，並根據這些結果制定具體的發展計畫。無論是在領導能力、情感管理還是團隊協作方面，他都可以依據測算報告中的建議進行強化和提升。這不僅有助於他在職場中取得更大的成就，也為他的個人成長提供了寶貴的指引。

此案例展示了十色性格測算系統在現代職場中的應用價值，幫助每一位測算者更加精確地認識自己，並根據性格特徵實現職業與生活的全面成功。

Part 3

智慧領導：
管理十種性格，
讓團隊更高效

Chapter9

精準溝通策略：針對不同性格的溝通技巧

在職場或商業環境中，溝通無疑是成功合作的關鍵。然而，溝通的有效性取決於我們是否能理解彼此的需求、動機及反應模式。十色性格系統提供了一個獨特且強大的框架，幫助我們更精確地了解不同性格類型的人如何思考、感受與行動。透過掌握每種性格的溝通需求與衝突解決策略，我們能夠提升溝通技巧，促進合作效率，並建立更強大的團隊。

本章將探索十色性格中的十種代表性格，並提供具體的溝通策略與技巧，幫助讀者在實際應用中應對這些性格的需求和潛在衝突。無論你是領導者、管理者，還是團隊成員，理解這些性格類型的內在驅動力和表現方式，將能使你的溝通更加精準，並使你的合作關係更加穩固。

黑色人（開創者）

- 性格需求：掌控指揮。
- 調整模式：關注「What」——強調目標和結果。
- 溝通策略：

✓ 直接明確地表達目標和期望，避免過多細節。

✓ 提供具體的行動計畫和時間表。

✓ 強調結果和效益。

- 可能衝突：

✓ 過度掌控：可能過於強硬和專制，忽視他人的感受和意見。

✓ 解決策略：引導他們學會傾聽和尊重他人的意見，適當放權，讓他們明白合作的重要性。

紅色人（推廣者）

- 性格需求：肯定認同。
- 調整模式：關注「Who」——強調人際關係和互動。
- 溝通策略：

✓ 使用熱情和積極的語氣，激勵和鼓舞他人。

✓ 給予積極反饋和認可，讓他們感受到自己的價值和影響。

✓ 注重人際關係和情感交流。

- 可能衝突：

✓ 太情緒化：可能過於情緒化和缺乏結構，容易分心。

✓ 解決策略：幫助他們保持專注和有計畫，提供清晰的目標和步驟，並適時提醒他們回到正軌。

綠色人（支援者）

- 性格需求：穩定安全。
- 調整模式：關注「How」——強調過程和方法。
- 溝通策略：
  - ✓ 使用溫和和支持的語氣，關心和理解他人的需求。
  - ✓ 提供穩定和可靠的支持，給予他人安全感。
  - ✓ 注重建立和維持和諧的人際關係。
- 可能衝突：
  - ✓ 太過被動：可能過於被動和逃避衝突，不敢表達自己的需求和意見。
  - ✓ 解決策略：鼓勵他們表達自己的需求和意見，提供安全的環境讓他們能夠勇於面對和解決衝突。

藍色人（分析者）

- 性格需求：品質精確。
- 調整模式：關注「Why」——強調理由和依據。
- 溝通策略：
  - ✓ 提供詳細和準確的訊息，讓藍色人理解決策的基礎。
  - ✓ 注重邏輯和結構，確保訊息的條理清晰。
  - ✓ 避免情感化，保持客觀和理性。
- 可能衝突：
  - ✓ 標準太高：可能過於苛求完美，導致決策過於謹慎和延遲。

✓ 解決策略：引導他們設置合理的標準和期限，鼓勵他們在適當時候接受妥協和靈活應對。

黑紅色人（推動者）

- 性格需求：掌控和認同。
- 調整模式：關注「What」和「Who」——強調目標和人際關係。
- 溝通策略：
  - ✓ 結合熱情和目標導向，快速決策和行動。
  - ✓ 展現出積極和活力，激勵他們參與並推動項目進展。
  - ✓ 強調合作和團隊成就，認可他們的創意和貢獻。
- 可能衝突：
  - ✓ 過度推動：可能過於急切推動項目，忽略他人的準備和反應。
  - ✓ 解決策略：引導他們放慢節奏，考慮團隊的整體準備和反應，適當調整計畫。

黑綠色人（整合者）

- 性格需求：整合協同。
- 調整模式：關注「What」和「How」——強調目標和過程。

- 溝通策略：
  - ✓ 協同一致，兼顧目標和團隊的整體需求。
  - ✓ 尊重他們的協調能力，展示如何統一目標和整體策略。
  - ✓ 鼓勵他們的貢獻，確保團隊和諧。
- 可能衝突：
  - ✓ 缺乏靈活性：可能過於追求穩定，對變革和創新感到不安。
  - ✓ 解決策略：幫助他們提升靈活性，適應變化，並展示變革帶來的潛在好處。

紅綠色人（協調者）

- 性格需求：協調和諧。
- 調整模式：關注「Who」和「How」——強調人際關係和過程。
- 溝通策略：
  - ✓ 強調團隊合作和人際互動，激勵和支持。
  - ✓ 表現出對團隊合作的重視，使用友善和支持的語氣。
  - ✓ 鼓勵他們的參與和貢獻，維持和諧的團隊氛圍。
- 可能衝突：
  - ✓ 過於依賴團隊：可能在決策時過於依賴團隊意見，缺乏果斷性。

✓ 解決策略：幫助他們增強決策能力和自信，鼓勵他們在必要時做出果斷決策。

紅藍色人（策略者）

- 性格需求：創新策略。
- 調整模式：關注「Who」和「Why」——強調人際關係和理由。
- 溝通策略：
  ✓ 接受創新想法，強調實踐和結果。
  ✓ 展示對創新策略的支持，鼓勵他們提出創新方案。
  ✓ 共同探討如何實現目標，確保計畫的可操作性。
- 可能衝突：
  ✓ 過於理論化：可能過於理論化，忽視實際操作的可行性。
  ✓ 解決策略：幫助他們結合理論與實踐，確保計畫的可操作性，並提供實際應用的機會。

黑藍色人（改革者）

- 性格需求：改革創新。
- 調整模式：關注「What」和「Why」——強調目標和理由。
- 溝通策略：

✓ 共同推動變革和創新，注重實際效果。

✓ 表現出對變革的支持，強調結果的重要性。

✓ 展示如何通過變革達成目標，考慮團隊的接受能力和適應性。

- 可能衝突：

✓ 過於激進：可能過於激進推動變革，忽視團隊的接受度。

✓ 解決策略：幫助他們平衡變革速度，考慮團隊的接受能力和適應性，循序漸進推動變革。

綠藍色人（策劃者）

- 性格需求：計畫和組織。
- 調整模式：關注「How」和「Why」——強調過程和理由。
- 溝通策略：

✓ 保持條理性和計畫性，確保穩定和組織。

✓ 尊重他們的計畫和組織能力，提供清晰的目標和步驟。

✓ 展示如何通過計畫達成目標，增強靈活性和適應性。

- 可能衝突：

✓ 過於依賴計畫：可能過於依賴計畫和結構，缺乏靈活應變能力。

✓ 解決策略：幫助他們增強靈活性和適應性，學會在變化中找到平衡，並展示靈活應對的優點。

Chapter10

結合性格特質的有效溝通策略與方法

提升溝通力不僅是提高個人表達的技巧，更是在各種不同性格、情境下如何與他人建立有效互動的能力。以下策略與方法能夠幫助你在日常生活和工作中更加自信、靈活地與他人溝通。

1. 增強自我認知：了解自己的溝通風格和特質

很多時候，我們對自己的溝通方式並不十分清楚。了解自己的性格特質，會讓我們意識到自己在溝通中的優勢和不足。當你認識自己時，才能改進不足、發揮所長。 如果你是個喜歡主導的開創型（黑色性格）領導者，你可能傾向於直接切入主題、不喜歡拖泥帶水。然而，這種風格可能讓那些偏向和諧的支援型（綠色性格）夥伴感到壓力。調整表達方式，讓他們感受到更多的關懷和支持，會讓溝通更有效。

2. 學會傾聽：專注於對方的話語，展現同理心

溝通中最常被忽視的技巧就是傾聽。我們常忙著表達自

己的觀點，卻忽略了對方的需求。傾聽不僅是對他人的尊重，更是理解他人觀點的最佳方式。學會真正的傾聽能夠幫助你快速抓住溝通的重點。與推廣型（紅色性格）同事交流時，他們充滿激情，渴望你聽到他們的想法。專心傾聽、適時點頭或回應，他們會感受到被尊重，這促使他們更願意接受你的建議。

3. 清晰表達：簡明扼要，結構化表達

有效的溝通往往體現在簡潔明瞭的表達中。過於冗長或模糊的語言會讓聽者感到困惑。保持簡明扼要、結構清晰的表達風格，能讓溝通更具說服力。 藍色性格的分析型人容易迷失在細節中，對於需要快速決策的開創型（黑色性格）領導者，這樣的表達方式會顯得冗長。應當重點突出關鍵數據和結論，才能有效傳遞訊息。

4. 增強非語言溝通：注意肢體語言、眼神接觸

溝通不僅僅是靠語言，非語言信號也占據了很大比重。肢體語言、眼神接觸等非語言的細節，可以增強互動的真誠感，幫助你傳遞更多情感，提升溝通效果。 與綠色性格的同事對話時，適當的微笑與眼神接觸可以讓他們感到安心，而面對紅色性格的同事時，熱情的肢體語言則能激發他們的興奮和合作動力。

5. 適應性溝通：根據對象調整溝通方式

不同性格的人有不同的需求，溝通方式也應隨之調整。適應性溝通的核心在於能夠根據對象的性格和情境，靈活變換溝通方式，以達到最好的效果。 與支援型（綠色性格）同事溝通時，宜使用溫和且耐心的語氣，表現出關懷。而與開創型（黑色性格）領導溝通時，應直接快速，強調行動計畫和結果。

6. 提升情感智商：管理情緒，培養同理心

情感智商是指能夠理解和管理自己的情緒，並能夠感受他人的情緒。這種能力在溝通中至關重要，因為它能幫助你在困難的情境下保持冷靜，並敏銳地察覺他人的感受，從而調整你的溝通方式。 當紅色性格的同事情緒激動時，如果你能保持冷靜，並表現出理解和同理心，他們會更容易冷靜下來並重新進行理性的討論。

7. 建立信任：誠實和透明，建立穩定信任

信任是溝通的基石，沒有信任的溝通是無效的。誠實和透明能夠幫助你快速建立信任，並為未來的合作奠定基礎。保持一致的行動和承諾是贏得他人信任的關鍵。 管理綠色性格的員工時，持續透明的溝通會讓他們感到安全和被信任，從而更願意付出和支持團隊。

8. 提供反饋：建設性反饋，接受反饋

反饋是成長的基礎，不僅要學會給予建設性的反饋，也要懂得接受他人的建議。反饋的重點在於具體且富有建設性，幫助他人改進，而非過度批評或模糊不清。 面對開創型（黑色性格）領導者時，反饋應著重於改進的具體行動計畫，而對支援型（綠色性格）同事，則應以更多的鼓勵來幫助他們接受反饋。

9. 增強團隊合作：促進互動，協同合作

一個成功的團隊依賴於成員間的良好合作，而合作的關鍵在於有效的溝通。促進團隊內部的互動，協同合作，才能讓每個人發揮出最佳的價值，達成共同的目標。 當一個團隊中有不同性格的成員時，分析型（藍色性格）的人可以提供數據支持，推廣型（紅色性格）的人可以激發動力，支援型（綠色性格）的人則能維護團隊的和諧。這樣的合作模式能讓團隊更加高效。

10. 持續學習：參加培訓，閱讀相關書籍

溝通是一項需要不斷學習和反思的技能，隨著不斷成長，我們的溝通方式也應隨之升級。參加相關培訓和學習，能幫助我們保持進步，並與時俱進地應對新的溝通挑戰。分析型（藍色性格）的人可能更傾向於通過數據驅動的學習來提升溝通，

而推廣型（紅色性格）的人可能更喜歡參加激勵型的課程來增強他們的領導力。根據自己的性格特質選擇合適的學習途徑，才能不斷提升溝通力。

這些策略和方法不僅能幫助你在職場中有效溝通，也能促進你與家人、朋友之間的關係。透過對性格的了解與溝通技巧的靈活應用，無論面對何種情境，你都能自信從容地應對，實現更好的交流效果。

Chapter11

性格領導策略：針對不同性格的管理方法

領導是一門藝術，而優秀的領導者深知，每個團隊成員都有其獨特的性格和需求。無法以單一方式領導所有人，因為不同性格的人對權威、挑戰、責任和激勵的反應各不相同。十色性格系統為我們提供了一個全面的框架，幫助領導者根據個人的性格特質，制定精準的管理策略，達到最佳的領導效果。

在本章中，我們將探討如何引導和管理不同性格類型的團隊成員。每一種性格都對工作環境、溝通風格、目標設立和激勵方式有著獨特的需求，領導者若能根據這些需求調整管理方式，便能更有效地激發員工的潛能，促進團隊合作並提升組織績效。

黑色人（開創者）

領導策略：

✓ 給予自主權與挑戰：（黑色人）員工喜歡主動掌控局面，並且對挑戰有高度的興趣。給他們安排具有挑戰性的任務和更大的決策權，能讓他們充分發揮潛能。

- ✓ 直接且明確的溝通：（黑色人）員工偏好直接的溝通方式，避免冗長的說明，重點突出即可。他們欣賞快速且有力的決策過程。
- ✓ 設立高目標：設定具挑戰性的目標，可以激發（黑色人）員工的競爭力和成就感，激勵他們全力以赴。

紅色人（推廣者）

領導策略：

- ✓ 鼓勵創意與互動：（紅色人）員工喜歡社交和創意活動。給予他們平台展示創意，並鼓勵他們參與團隊活動和互動。
- ✓ 表揚和激勵：（紅色人）員工對表揚和激勵反應積極，經常性的表揚和正向回饋能提升他們的士氣和動力。
- ✓ 提供多樣化的任務：讓他們參與多樣化的工作，可以保持他們的興趣和創造力，避免單調的工作環境。

綠色人（支援者）

領導策略：

- ✓ 提供穩定的環境：（綠色人）員工重視穩定和安全感。提供一個穩定的工作環境，能讓他們感到安心和滿足。
- ✓ 建立信任關係：與（綠色人）員工建立信任和支持的

關係，關心他們的需求和感受，可以提升他們的工作滿意度。

✓ 耐心指導與支持：提供詳細的指導和持續的支持，幫助他們逐步達成目標，能讓他們感到被支持和重視。

藍色人（分析者）

領導策略：

✓ 提供詳細的資料和指導：（藍色人）員工重視細節和準確性。提供詳細的資料和明確的指導，可以幫助他們更好地完成工作。

✓ 設定明確的標準：設定明確的工作標準和期望，讓他們了解應該達到的要求，能提升他們的工作效率和質量。

✓ 尊重他們的專業知識：尊重並充分利用他們的專業知識，鼓勵他們深入分析和提出建議，可以提升工作的整體質量。

黑紅色人（推動者）

領導策略：

✓ 鼓勵創新與行動：（黑紅色人）員工結合了黑色人和紅色人的特點，喜歡創新和行動。鼓勵他們提出新想法並迅速實施，能讓他們感到滿足和成就感。

- ✓ 提供挑戰性任務：提供具有挑戰性的任務，讓他們能夠發揮創造力和行動力。
- ✓ 建立動力機制：建立激勵機制，讓他們保持動力和熱情，能提升他們的工作效率和積極性。

黑綠色人（整合者）

領導策略：

- ✓ 提供協作平台：（黑綠色人）員工善於整合資源和協作，提供平台讓他們發揮協調能力，能提升團隊的協作效率。
- ✓ 鼓勵全局思考：鼓勵他們從全局角度思考問題，制定整體解決方案，能提升工作的整體效果。
- ✓ 賦予適當的責任：賦予他們整合各部門資源的責任，讓他們在協調中發揮特長，可以提升團隊的整體表現。

紅綠色人（協調者）

領導策略：

- ✓ 促進團隊合作：（紅綠色人）員工擅長協調和合作，促進團隊合作和和諧，可以提升團隊的協作效率。
- ✓ 提供支持與指導：提供持續的支持和指導，幫助他們順利協調各方資源，能提升他們的工作效率和滿意度。

✓ 營造積極氛圍：營造積極的工作氛圍，讓他們感到舒適和被認可，可以提升他們的工作熱情和動力。

紅藍色人（策略者）

領導策略：

✓ 鼓勵策略思考：（紅藍色人）員工擅長策略思考和計畫，鼓勵他們提出長期策略和計畫，可以提升工作的整體效果。

✓ 提供分析工具：提供必要的分析工具和資源，支持他們進行深度分析，能提升他們的工作效率和質量。

✓ 尊重他們的洞察力：尊重並重視他們的洞察力和建議，讓他們參與決策過程，可以提升工作的整體質量。

黑藍色人（改革者）

領導策略：

✓ 支持變革與創新：（黑藍色人）員工擅長變革和創新，支持他們提出並實施創新方案，可以提升工作的創新和效率。

✓ 提供自由度：提供適當的自由度，讓他們能夠自由發揮創新能力，可以提升工作創新和效率。

✓ 設定變革目標：設定具挑戰性的變革目標，激發他們的改革熱情，可以提升工作的創新和效率。

綠藍色人（策劃者）

領導策略：

✓ 強調計畫與組織：（綠藍色人）員工擅長計畫和組織，強調計畫的重要性，並提供支持，可以提升工作的整體效果。

✓ 提供結構化工作環境：提供結構化和有條理的工作環境，讓他們感到安心和有序，可以提升工作的整體效果。

✓ 鼓勵長期計畫：鼓勵他們制定長期計畫，並逐步實施，可以提升工作的整體效果和品質。

Chapter12

發揮領導優勢與克服挑戰的實戰策略

每位領導者都有其獨特的優勢，但同時也面臨著特定的挑戰。理解這些優勢和挑戰，並掌握相應的應對策略，是成為卓越領導者的關鍵。十色性格系統為我們提供了清晰的指引，幫助領導者提升自身的性格優勢，同時克服潛在的弱點，從而在各種情境中帶領團隊達到最佳效果。

本章將深入探討十種性格的領導力特質，提供實戰策略，幫助你不僅能夠加強自己的核心優勢，還能有效應對挑戰。我們將逐一分析如何發揮各性格的領導力優勢，同時克服其在實踐中可能面臨的問題。透過這些策略，你將學會更靈活地運用自己的性格特質，帶領團隊突破瓶頸，並持續提升領導成效。

黑色人（開創者）

- 優勢：果斷和決斷力強、目標導向、自信和權威。
- 挑戰：過於專制、耐心不足、壓力過大。
- 加強優勢：
  - ✓ 保持果斷：繼續在需要快速決策的情況下發揮果斷力。

✓ 設定明確目標：不斷設定具挑戰性的目標，激勵團隊。

✓ 展現自信：在團隊中展示自信，激勵他人。

- 克服挑戰：

✓ 學會傾聽：多徵求團隊成員的意見，展示對他們的尊重。

✓ 提升耐心：在決策過程中加入更多的分析和討論，避免過於急躁。

✓ 管理壓力：學會適當放權，減少對自己的壓力，同時提升團隊的自主性。

紅色人（推廣者）

- 優勢：溝通能力強、創意豐富、人際關係好。
- 挑戰：缺乏結構、情緒波動、分心。
- 加強優勢：

✓ 增強溝通：繼續發揮強大的溝通能力，建立良好的人際關係。

✓ 促進創意：鼓勵團隊成員提出創新想法，共同討論和實施。

✓ 維持人際關係：保持與團隊成員的積極互動，增強凝聚力。

- 克服挑戰：

✓ 制定計畫：為每個項目制定詳細的計畫和時間表，確保工作有序進行。

✓ 情緒管理：學會控制情緒，保持冷靜和專業。

✓ 提升專注力：設立明確的優先事項，避免分心，保持對目標的專注。

綠色人（支援者）

- 優勢：穩定和可靠、耐心和細心、和諧的團隊氛圍。
- 挑戰：被動、抗拒變革、過於依賴他人。
- 加強優勢：

✓ 保持穩定：繼續提供穩定和可靠的支持，確保團隊運作順利。

✓ 注重細節：發揮細心和耐心的特質，確保工作質量。

✓ 維持和諧：促進團隊的和諧和合作，處理好人際關係。

- 克服挑戰：

✓ 增強決策力：學會在需要時果斷做出決策，提升效率。

✓ 適應變革：參加變革管理培訓，學會接受和適應變化。

✓ 增強自主性：鼓勵自己和團隊成員主動提出意見和建議。

藍色人（分析者）

- 優勢：注重細節、高標準、邏輯性強。
- 挑戰：過於謹慎、缺乏靈活性、溝通不足。
- 加強優勢：
  - ✓ 保持細心：繼續注重細節，確保工作質量和精確度。
  - ✓ 設立高標準：設定並維持高標準，追求卓越。
  - ✓ 強化邏輯：在決策過程中發揮邏輯和分析能力，確保決策合理。
- 克服挑戰：
  - ✓ 提升靈活性：學會接受不完美，根據情況適當調整標準和計畫。
  - ✓ 增強溝通：多與團隊成員交流，了解他們的需求和建議，提升團隊凝聚力。
  - ✓ 簡化流程：學會簡化工作流程，避免過度複雜化。

黑紅色人（推動者）

- 優勢：結合目標和激勵、快速行動、創新能力。
- 挑戰：過於急切、缺乏耐心、壓力大。
- 加強優勢：
  - ✓ 設定目標：繼續設定挑戰性的目標，激勵團隊成員。
  - ✓ 快速決策：保持快速決策的能力，推動項目進展。
  - ✓ 促進創新：鼓勵創新思維，推動團隊進步。

- 克服挑戰：
  - ✓ 放慢節奏：學會在需要時放慢節奏，考慮團隊的整體準備和反應。
  - ✓ 增強耐心：在決策過程中加入更多的分析和討論，避免過於急躁。
  - ✓ 減少壓力：學會適當放權，減少對自己的壓力，同時提升團隊的自主性。

黑綠色人（整合者）

- 優勢：協同一致、注重過程、解決衝突。
- 挑戰：缺乏靈活性、決策力不足、過於追求穩定。
- 加強優勢：
  - ✓ 協同合作：繼續整合團隊資源，實現共同目標。
  - ✓ 過程管理：保持對過程的重視，確保每個步驟都井然有序。
  - ✓ 解決衝突：發揮解決衝突的能力，維持團隊和諧。
- 克服挑戰：
  - ✓ 提升靈活性：學會適應變化，接受新的挑戰和機會。
  - ✓ 增強決策力：學會在需要時果斷做出決策，提升效率。
  - ✓ 鼓勵創新：接受新思維，鼓勵團隊成員提出創新方案。

紅綠色人（協調者）

- 優勢：強調和諧、激勵團隊、處理衝突。
- 挑戰：過於依賴團隊、缺乏目標感、情緒波動。
- 加強優勢：
  - ✓ 促進和諧：繼續創造和諧的工作環境，促進團隊合作。
  - ✓ 激勵成員：使用激勵和鼓勵的方式，提升團隊士氣。
  - ✓ 處理衝突：發揮處理衝突的能力，維持良好的人際關係。
- 克服挑戰：
  - ✓ 增強決策力：學會果斷做出決策，提升決策效率。
  - ✓ 設定目標：設立清晰的目標和方向，保持團隊的專注。
  - ✓ 管理情緒：學會控制情緒，保持冷靜和專業。

紅藍色人（策略者）

- 優勢：推動創新、結合理論與實踐、提供策略指導。
- 挑戰：過於理論化、執行力不足、溝通不足。
- 加強優勢：
  - ✓ 鼓勵創新：繼續推動創新思維，為團隊提供新的發展方向。
  - ✓ 結合理論：將理論應用於實踐，確保計畫的可操作性。

✓ 策略指導：提供明確的策略指導，確保目標實現。

・克服挑戰：

✓ 簡化實施：學會簡化實施過程，避免過於理論化。

✓ 增強執行力：提升計畫的執行力，確保目標達成。

✓ 加強溝通：注重與團隊成員的溝通，確保訊息暢通。

黑藍色人（改革者）

・優勢：推動變革、設定高標準、數據驅動決策。

・挑戰：過於激進、缺乏耐心、壓力大。

・加強優勢：

✓ 推動變革：繼續推動變革，尋求創新和改進。

✓ 保持高標準：設定並維持高標準，激勵團隊不斷進步。

✓ 數據決策：依據數據和分析做出決策，確保決策的科學性。

・克服挑戰：

✓ 平衡變革速度：學會平衡變革速度，考慮團隊的接受能力和適應性。

✓ 提升耐心：在決策過程中加入更多的分析和討論，避免過於急躁。

✓ 減少壓力：學會適當放權，減少對自己的壓力，同時提升團隊的自主性。

綠藍色人（策劃者）

- 優勢：詳細計畫、過程管理、提供支持。
- 挑戰：缺乏靈活性、過於依賴計畫、溝通不足。
- 加強優勢：
  - ✓ 詳細計畫：繼續制定詳細的計畫，確保每個步驟都井然有序。
  - ✓ 管理過程：保持對過程的重視，確保計畫按部就班地實施。
  - ✓ 提供支持：為團隊提供穩定和可靠的支持，解決問題。
- 克服挑戰：
  - ✓ 提升靈活性：學會適應變化，接受新的挑戰和機會。
  - ✓ 減少依賴：學會在計畫變更時靈活應對，保持工作進展。
  - ✓ 增強溝通：多與團隊成員交流，了解他們的需求和建議，提升團隊凝聚力。

Chapter13

有效管理多元性格，提升團隊整體效能

在多樣化的團隊中，每位成員的性格特質都是寶貴資源，既帶來創新，也可能產生挑戰。智慧的領導者需要了解並善用這些差異，以發揮每個人的潛力，達成團隊的最佳表現。

本章將說明如何識別並管理不同性格的成員，提供因材施教的策略，協助領導者透過明確目標、有效溝通、促進合作等方式提升團隊效能。我們還將探討如何在壓力下保持高效運作，創造學習和信任的團隊文化，讓團隊在多元性格中發揮集體智慧、持續成長。

1. 理解性格多樣性，因材施教

策略：每個人都有不同的性格特質、需求和動力，智慧領導者需要首先了解每位團隊成員的性格，並根據他們的特質來調整管理方式。例如，果斷且自信的黑色性格（開創者）需要更多的決策權與挑戰性的目標來激發他們的潛力；而紅色性格（推廣者）更適合開放、靈活的環境，這樣可以讓他們發揮創意並擅長溝通的人際技能。

執行：為了提升團隊效能，智慧領導者可以通過引入性格測試工具，如 DISC 測試或十色性格系統，來分析每個成員的性格特徵，進而進行有針對性的管理。定期進行一對一會談，深入了解成員的工作偏好、動機和挑戰，並根據這些性格特質調整工作分配和溝通方式。根據性格類型來量身定制任務分配，例如讓黑色性格的開創者負責決策和領導，藍色性格的分析者處理數據分析和規劃，紅色性格的推廣者則負責創意和公共關係。同時，制定個性化的激勵措施，針對不同性格的需求來激勵他們發揮最大潛力，如為開創者提供更多挑戰和權力，或對支援者提供更多的團隊合作和肯定。

原則：不應用單一的管理方法，領導者要對每位成員量身定制，因材施教。這樣可以最大化每個人的潛力，避免將成員的優勢抑制或忽視。

2. 明確目標，對齊個人與團隊方向

策略：領導者應設定清晰的團隊目標，讓每位成員明確他們的個人目標與團隊整體方向是一致的。這不僅能激發個人的動力，也能確保大家共同朝著一個明確的目標努力，避免分散精力。

執行：每位成員應參與目標的制定過程，特別是對於像黑色性格（開創者）這樣的領導型人才，他們希望參與決策，而藍色性格（分析者）則需要了解目標的邏輯和數據支持。對於

紅色性格（推廣者）和綠色性格（支援者），需要通過團隊目標來建立更強的團隊認同感，提升他們的協作動力。

原則：確保個人目標和團隊目標一致，這能激發成員的參與感和責任感，從而提升工作效能。

3. 建立有效的溝通機制

策略：溝通是團隊運作的核心，領導者需要促進透明、開放的溝通環境。定期進行交流和反饋，確保團隊成員能夠及時反映問題、分享見解，並通過反饋機制讓每個人都清楚自己的進展和可以改進的地方。

執行：例如，對於黑色性格的人，可以直接、果斷地給予結果導向的反饋；而對於綠色性格的人，反饋應更多帶有情感支持和鼓勵，幫助他們感受到被認可。每週或每月進行定期的溝通會議，讓每位成員有發言機會，並鼓勵開放的對話。

原則：有效的溝通能夠促進團隊協作，解決潛在的問題，並確保訊息傳達無誤，增強團隊成員之間的理解和合作。

4. 促進團隊合作，發揮集體智慧

策略：不同性格的人有不同的長處與弱點，智慧領導者需要促進性格互補，讓團隊發揮集體智慧。這樣可以避免單一性格主導決策，從而實現多角度的思考和更全面的解決方案。

執行：將開創型的黑色性格與分析型的藍色性格結合在一

起，黑色人能快速推動決策，藍色人則能夠提供深入的數據分析和風險評估。紅色和綠色性格可以作為溝通和協調的橋樑，促進團隊間的互動與合作。這種性格互補不僅能提高團隊的創新能力，也能保證決策的全面性。

原則：團隊合作是高效團隊的核心，領導者應該促進成員間的協同合作，發揮每個人不同的優勢，從而提升整體效能。

5. 靈活應對挑戰與壓力

策略：在壓力下，團隊的表現往往會變得不穩定。智慧領導者應靈活運用不同性格成員的特長來應對挑戰。例如，當團隊需要快速應對突發情況時，黑色性格的決斷力和藍色性格的冷靜分析可以相輔相成，幫助團隊迅速做出合理的決策。對於面臨壓力而容易情緒波動的紅色性格成員，領導者應提供適當的情緒支持。

執行：在高壓環境中，給予不同成員不同類型的支持，例如讓開創型人員負責快速決策，分析型人員提供深入的風險分析，並確保支援型成員能夠保持團隊的穩定和和諧。

原則：團隊的彈性和適應能力是成功的關鍵，領導者應靈活應對不同情況，並提供適當的指導與支持，確保團隊在壓力下依然保持高效。

6. 持續學習與發展

策略：智慧領導者應鼓勵團隊成員不斷學習，提升技能。提供成長機會和資源，讓團隊成員可以隨時保持最新的行業知識和技能，並不斷提升自己的能力。

執行：為每位成員量身定制學習和發展計畫。對於藍色性格的分析者，提供技術與數據分析相關的培訓；對於紅色性格的推廣者，提供創意發展和領導力方面的課程。這樣不僅能增強個人能力，還能提升整體團隊的知識水準。

原則：持續學習是團隊保持競爭力的關鍵，領導者應促進學習文化，提供資源支持，確保每位成員都能夠持續成長。

7. 重視情感與信任的建立

策略：信任是團隊合作的基礎，領導者應注重與團隊成員之間建立深厚的情感聯繫，讓每位成員感受到被信任與尊重。情感聯繫能促進團隊成員的互動，增強團隊凝聚力。

執行：與每位成員進行一對一交流，了解他們的個人需求與情感狀態，並在團隊中建立尊重與支持的氛圍。這樣可以讓綠色性格的成員感受到關懷，也能讓黑色性格的成員更願意信任領導決策。

原則：信任是團隊高效運作的根基，領導者應積極建立並維護信任關係，讓成員之間有更強的聯繫和歸屬感，從而提高團隊整體效能。

以上這些策略與原則有助於智慧領導者在多樣化團隊中靈活應對性格差異，發揮每個人的優勢，解決團隊挑戰，並最終提升團隊的整體效能。

Part 4

精準選才：性格與職位的最佳適配

Chapter14

性格測評與行為面試的雙重應用

在企業的發展中，人才選拔始終是影響組織成敗的關鍵一環。如何將「適合的人」放到「正確的位置」不僅是面試官的挑戰，更是企業成長的基石。透過精準識人選才，我們能夠更有效地將應徵者的性格特質與崗位需求進行匹配，確保員工能夠在其擅長的領域中發揮最大潛力，從而促進整個團隊的協同效應。

面試是一個雙向的過程，應徵者展示自己，面試官則負責辨別真偽、評估能力。然而，僅靠面試往往不足以全面了解應徵者的真實特質與潛力。因此，性格測評逐漸成為了輔助選才的重要工具。它能幫助我們打破單一履歷或一面之詞的限制，深入了解應徵者的思維模式與行為風格，為企業選才提供更為可靠的依據。

在現代企業中，面試官經常面對以下幾個選才挑戰：

1. 無法分辨應徵者的真實性：許多應徵者在面試中表現出的可能是刻意塑造的形象，無法真實反映其實際工作能力。

2. 過於依賴第一印象：面試官往往在短暫的面試中形成

初步印象，而這種印象未必是準確的。

3. 履歷缺乏細節：許多應徵者的履歷僅描述工作經驗，卻難以評估其是否真正具備勝任該崗位的技能。

4. 性格與團隊文化的匹配度難以評估：性格與工作環境的契合度是決定工作效能的重要因素，但這往往難以僅通過面試判斷。

5. 面試與實際工作表現的落差：應徵者在面試中展現的態度未必反映其真實的工作態度，這讓面試官在預測其未來表現時感到困難。

這些挑戰提醒我們，選才不僅是技術問題，更是洞察應徵者內在特質的藝術。這正是性格測評的重要性所在，它幫助面試官超越表象，準確了解應徵者是否適合企業需求。

精準選才的核心要素：從冰山上到冰山下的全面評估

在當今競爭激烈且充滿變化的市場環境中，人才是企業最重要的資源，選才的過程往往直接決定了企業未來的成功與失敗。然而，選擇合適的人才不僅僅是基於表面上的履歷或過往經驗，更重要的是要深入了解應徵者的內在能力與動力，這些隱藏在「冰山下」的特質才是決定人才與崗位匹配的關鍵。

領導者在面對人才選拔時，往往無法僅憑第一印象或短暫的面試來做出準確的決策。這導致企業有時錯過了最適合的應徵者，或者選擇了一些表面上看似優秀但實際上不適合團隊文化與工作需求的人。因此，如何精準識別應徵者的**知識、經驗、能力**和**動力**，並確保他們能夠與崗位需求完美契合，成為了現代企業必須解決的問題。

1. 知識（知道什麼？）

知識代表應徵者在專業領域的理解與積累，涵蓋教育背景、專業資格、產品知識等。這些訊息屬於「冰山上」的顯性部分，較易通過**簡歷、考試或證照**等評估工具來篩選。

舉例：應徵者是否具備與職位相關的學科背景，是否熟悉所需的專業工具或技術，是否已通過相關專業認證。

2. 經驗（做過什麼？）

經驗是應徵者過去在類似崗位或情境中積累的實戰經驗，能幫助企業了解應徵者是否具備解決實際問題的能力。經驗可以通過過去職位中的具體角色與責任來判斷，屬於「冰山上」部分。

舉例：應徵者是否曾帶領過團隊，是否有參與大型項目管理的經歷，或是否有處理高壓情境中的銷售任務。

3. 能力（會什麼？）

能力是應徵者的技能與特質，包括**表達能力、抗壓能力、**

學習能力等。這一部分屬於「冰山下」的隱性部分，往往需要透過**行為式面試、角色扮演**或測評工具來深入挖掘。

舉例：應徵者是否具備快速適應新技術的學習能力，是否能在壓力下做出有效決策，或是否具備出色的時間管理與客戶應對能力。

4. 動力（喜歡什麼？）

動力代表應徵者的內在驅動力與行為傾向，涵蓋其對於挑戰、金錢、社交、變化和權力的興趣與偏好。這部分同樣屬於「冰山下」的隱性部分，企業需要通過深入面談和性格測評來挖掘。

舉例：應徵者是否喜歡面對挑戰，是否追求金錢與權力，是否對變革和創新充滿熱情。

冰山理論強調了選才過程中的兩個層次：

1. 冰山上：容易觀察與評估的部分，包括**知識**與**經驗**，這些訊息可通過履歷、作品集、推薦信、測驗、模擬等方式直接獲取。

2. 冰山下：難以直接觀察的部分，包括**能力**與**動力**，這需要通過面談、角色扮演、測評工具等深入評估手段來發掘。

冰山下的特質往往是決定應徵者是否真正適合該崗位的關鍵。企業在選才過程中若只注重冰山上的知識和經驗，則可能會忽略應徵者更深層次的特質，導致選才失敗。

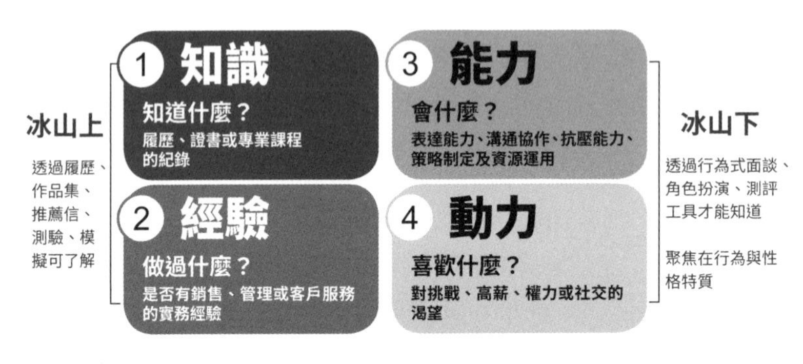

冰山理論選才的評估因素

總結

選才過程不僅要評估應徵者的知識與經驗，還需深入挖掘其能力與動力，這樣才能確保找到真正與崗位匹配、且能夠為企業帶來長遠價值的人才。企業在選才中應運用科學的評估工具，全面考量冰山上下的各項特質，這才是確保選擇到合適人才的核心策略。

現實性格特質檢測問卷：透過十種性格類型精準選才

在選才過程中，本書附錄 1 提到的現實性格特質檢測問卷可以幫助企業更具體地了解應徵者的性格特質，這些特質將直接影響他們在工作中的表現。這份測試問卷基於 Likert 量表來評估應徵者在四個主要性格類型中的傾向：

1. 黑色特質（開創者）：喜歡挑戰，決策迅速，擅長領導。
2. 紅色特質（推廣者）：擅長溝通，熱情活力，擅長激勵他人。
3. 綠色特質（支援者）：穩定耐心，善於提供支持。
4. 藍色特質（分析者）：注重細節，擅長分析與邏輯推理。

應徵者通過自我評估對這些特質進行計分，從而確定其主要和次要性格特質，這對選才和職位匹配至關重要。

通過對測評結果的綜合分析，可以推導出應徵者在十種性格中的位置：

1. 黑色人（開創者）：黑色得分最高，具備決策與領導能力，適合領導崗位。

2. 紅色人（推廣者）：紅色得分最高，充滿熱情與影響力，適合市場與銷售崗位。
3. 綠色人（支援者）：綠色得分最高，擅長協作與支持，適合人力資源與客服崗位。
4. 藍色人（分析者）：藍色得分最高，注重細節與邏輯，適合技術和數據分析崗位。
5. 黑紅色人（推動者）：黑色與紅色得分高，創新且行動力強，適合創意或市場領導崗位。
6. 黑綠色人（整合者）：黑色與綠色得分高，擅長協作與資源整合，適合供應鏈管理或運營崗位。
7. 紅綠色人（協調者）：紅色與綠色得分高，具備團隊合作與支持能力，適合團隊領導或人力資源崗位。
8. 紅藍色人（策略者）：紅色與藍色得分高，策略性思考與獨立分析，適合顧問或財務規劃崗位。
9. 黑藍色人（改革者）：黑色與藍色得分高，變革與創新能力強，適合創新與風險管理崗位。
10. 綠藍色人（策劃者）：綠色與藍色得分高，計畫與組織能力強，適合項目管理與財務分析崗位。

這十種性格的識別方法讓企業能夠清楚了解應徵者的性格特徵，並據此選擇合適的崗位，發揮其最大潛能。

運用 STAR 行為面試法：深入挖掘應徵者核心能力

在選才過程中，面試官可以運用 STAR 行為面試法（下頁圖）來更深入地了解應徵者的工作經驗。STAR 模型代表「情境（Situation）、任務（Task）、行動（Action）和結果（Result）」，這是一種行為式面試法，能夠幫助應徵者具體展示其在過去經歷中的行動及成果。

透過 STAR 問句，面試官可以引導應徵者分享具體的情境和行為，進而判斷應徵者在面臨壓力或挑戰時所採取的行動是否能反映其核心性格特質。例如：

- **情境**：描述一個你需要在短時間內做出決策的情況。
- **任務**：你當時面臨的主要任務是什麼？
- **行動**：你採取了哪些步驟來解決這個問題？
- **結果**：這些行動的結果如何？

透過這些問題，面試官能夠更清晰地了解應徵者在壓力下的決策能力、行動能力，以及對結果的反思能力。

◎

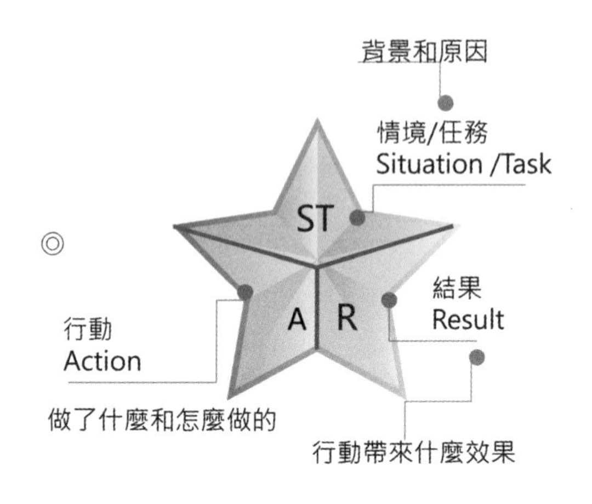

STAR 行為面試法

一、識別黑色性格（直率型）特質的 STAR 模型應用

在選才過程中，如何判斷應徵者是否具備黑色性格的直率特質？STAR 行為面試法提供了一個有效的框架，讓面試官能夠深入了解應徵者在面臨壓力時的表現，從而識別其決策能力與行動力。

1. 情境（Situation）

問題設計：請描述一個你需要在短時間內做出決策的情境。

・在這個環節中，面試官希望了解應徵者是否曾面對過壓力或挑戰，並如何在緊迫的時間內做出決策。這有助於評估應徵者的直率型特質，特別是他們在面對困難時的反應速度與應變能力。

2. 任務（Task）

問題設計：當時你面臨的主要任務或挑戰是什麼？

・在這裡，應徵者需要清楚說明他們的具體責任或面對的挑戰。黑色性格的應徵者通常會展現出他們在壓力下勇於承擔責任、快速釐清目標並執行任務的特質。

3. 行動（Action）

問題設計：你採取了什麼行動來解決這個問題或挑戰？

・應徵者需要具體說明他們如何快速決策並採取行動來解決問題。黑色性格的人通常果斷且行動力強，他們的回應應該能夠展現出他們具備的直率、快速反應與執行力的特點。

4. 結果（Result）

問題設計：這些行動的結果如何？請描述達成的成果或學到的經驗。

・這一部分重點在於了解應徵者的行動所帶來的結果。黑色性格的人通常會用具體的結果來展示其行動的有效性，包括解決問題的成果或給團隊帶來的改變。

STAR 模型的應用

STAR 模型（情境、任務、行動、結果）提供了一個結構化的方式，幫助面試官從不同維度評估應徵者的性格特質。通過具體的情境分析，應徵者能夠展現出他們在高壓下的反應能力和解決問題的過程，這正是黑色性格的直率型特質——快速決策與行動力的體現。

總結

使用STAR行為面試法，面試官可以透過具體的問句和應徵者的行為反應，更深入地理解他們的行動模式與性格特質。對於黑色性格的應徵者，面試官可以通過了解他們在壓力下的應對方式來判斷他們是否具備領導者所需的果斷性和決策力，進而做出更精準的選才決策。

黑色性格特質的 STAR 回答示例

在面試中，應徵者可以運用 STAR 模型來具體展示自己在工作中應對挑戰的能力，特別是在高壓環境下的決策和行動力。以下是針對一位具有黑色性格（直率型）特質的應徵者，如何通過 STAR 模型來描述其處理緊急項目的具體行為與成果的示例。

情境（Situation）

描述：公司正面臨一個關鍵項目，該項目即將面臨截止日期，並且進度已經出現延遲。在這種情況下，我需要在短時間內決定是否重新分配資源，以確保項目按時完成，並保持質量標準。

任務（Task）

描述：我的主要任務是確保該項目能夠在預定時間內按時且高質量完成，同時滿足客戶需求，維護公司的聲譽。

行動（Action）

為了實現這一目標，我採取了以下行動：

1. 召集團隊緊急會議，快速了解項目進度及目前存在的問題，確定需要優先解決的關鍵挑戰。

2. 重新評估資源配置，根據團隊反饋進行資源再分配，並重新分配關鍵人員到最需要的崗位。

3. 設立短期目標與責任人，明確每個小組的任務和時間節點，確保每個人都清楚自己的職責和責任範圍。

4. 監控進度與調整計畫，持續監控進度，及時調整任何可能出現的問題，並確保計畫能夠有效執行。

結果（**Result**）

描述：最終，通過迅速的決策和有效的資源配置，項目順利在截止日期前完成，且品質符合客戶要求。我從這次經驗中學到了在高壓情況下果斷決策的重要性，也增強了我在未來類似情境中的信心。

分析：

這個 STAR 回答示例突顯了黑色性格應徵者的果斷、決策力和執行力。在面對緊急情境時，該應徵者能夠迅速掌握全局，重新配置資源並有效解決問題，確保項目的成功。這樣的行動展示了他們在壓力下的穩定性和領導能力，這也是黑色性格（直率型）應徵者在工作中脫穎而出的關鍵特質

二、識別紅色性格（活躍型）特質的 STAR 模型應用

紅色性格，通常代表活力、熱情和擅長推廣的人，這些人善於說服他人並激發團隊的行動力。透過 STAR 行為面試法，面試官可以更深入了解應徵者是否具備這種活躍型性格，特別是在工作中推廣新想法或計畫時的表現。

1. 情境（Situation）

問題設計：請描述一個你曾經需要在工作中推廣新想法或計畫，並說服他人接受的情況。

・在這個環節，面試官希望應徵者具體描述他們如何在一個團隊或組織中推動創新，特別是如何克服阻力，讓他人認同他們的想法。

2. 任務（Task）

問題設計：你的目標是什麼？你需要說服多少人？

・此部分旨在了解應徵者的具體任務。紅色性格的應徵者往往具備高度的影響力，他們的目標通常涉及說服多數人或激發團隊的合作和行動。

3. 行動（Action）

問題設計：你採取了哪些步驟或策略來影響並說服他人？

・在這裡，應徵者需要展示他們的推動力和創意，具體描述如何運用溝通技巧和影響力來推動計畫。紅色性格的應徵者往往能夠展示自己如何激勵和引導團隊，利用積極的態度和巧妙的策略來說服他人接受新觀點。

4. 結果（Result）

問題設計：最終結果如何？你的努力對項目或組織產生了什麼影響？

・這部分強調結果，面試官希望了解應徵者的行動是否成功，並衡量其影響力是否能夠真正推動組織的變革或實現創新。紅色性格的人通常能夠展示出具體且積極的結果，例如成功推動計畫、促成合作，甚至激發組織的士氣。

STAR 模型的應用

STAR 模型（情境、任務、行動、結果）是一種結構化的方法，可以幫助面試官從應徵者的具體經歷中判斷其核心特質。對於紅色性格的應徵者，這種模型能夠顯示出他們是否具備影響他人的能力、推動創新以及積極參與團隊合作的特質。

總結

透過 STAR 行為面試法，面試官能夠清楚了解應徵者在面臨挑戰時的行動力和說服力。紅色性格的應徵者通常具備很強的推廣能力和創新能力，他們擅長在團隊中推動新想法，並能有效說服他人加入自己的行動計畫。

紅色性格特質的 STAR 回答示例

紅色性格（活躍型）的人通常具有強烈的說服力與推廣能力，擅長與人溝通，並能夠迅速推動團隊接受新理念。透過 STAR 模型，可以深入了解應徵者在推廣新想法或計畫時的具體行動與結果。以下是一位應徵者展示其紅色性格特質的具體範例。

情境（Situation）

描述：在公司內部推廣一個新的數位行銷計畫，需要說服團隊成員和高層管理者接受並支持這項計畫。該計畫涉及各部門的合作，特別是市場部、銷售部以及高層管理的認同與參與。

任務（Task）

描述：我的目標是讓公司內部約二十名相關人員，包括市場部和銷售部的成員以及高層管理者，認同並支持這個數位行銷計畫，確保其能夠順利推進。

行動（Action）

為了實現這一目標，我採取了以下行動：

1. 準備了一份詳細的提案，強調該計畫的優勢和預期收益，讓所有相關人員了解該計畫帶來的潛在價值。

2. 組織一系列的會議和演示，展示計畫的可行性和深遠效果，並說明各部門在計畫中的具體貢獻。

3. 利用個人的影響力，通過一對一的對話，解答各部門的疑慮，並逐步取得他們的支持和認可。

4. 制定實施計畫，並展示每個部門在實施過程中的角色和責任，明確各部門的貢獻與協作方式。

結果（Result）

描述：最終，所有相關人員都被說服並同意支持這個數位行銷計畫。計畫得以順利推行，並且在幾個月內提升了公司的市場曝光率和銷售額。我從這次經驗中體會到，成功的推廣除了具備出色的溝通能力外，還需要清晰的講解與說服策略。

分析：

這個回答示例展示了紅色性格應徵者的說服力與推動力。在推廣一個新計畫的過程中，應徵者展現了其卓越的溝通技巧，並且通過系統的組織和個人影響力，成功地說服了公司內部的相關人員。這樣的行動反映了紅色性格的強項——他們擅長推動新想法、促進合作，並確保計畫順利推進。

三、識別綠色性格（隨和型）特質的 STAR 模型應用

綠色性格的人通常具備強烈的支持性和協作能力，擅長在團隊中提供穩定的力量，幫助團隊成員適應變革或面對挑戰。通過使用 STAR 行為面試法，面試官可以更深入地了解應徵者是否具備這種適應變革和支持團隊的能力。以下是 STAR 模型下識別綠色性格特質的具體問句與解讀。

1. 情境（Situation）

問題設計：請描述一個你曾經需要幫助團隊或同事適應變革的情況。

・在這個環節中，面試官希望應徵者具體描述他們如何在變革中支持團隊，特別是面對變化時，他們如何幫助團隊保持穩定，促進大家的適應與過渡。

2. 任務（Task）

問題設計：當時你面臨的主要任務或挑戰是什麼？

・這裡旨在了解應徵者在當時的具體角色和責任。綠色性格的人通常擅長在變革中擔任支持性角色，這些任務可能包括安撫團隊情緒、協助執行變革或幫助團隊成員理解並適應新的流程。

3. 行動（Action）

問題設計：你採取了哪些行動來幫助團隊或同事適應變革？

・在這裡，應徵者需要具體描述他們是如何主動協助他人適應變革的。綠色性格的應徵者通常會展示出自己的耐心與細心，通過溝通、支持和協助來幫助團隊成員逐步適應新的工作方式或環境。

4. 結果（Result）

問題設計：這些行動的結果如何？請描述達成的成果或學到的經驗。

・最後，面試官會希望了解應徵者的行動是否產生了積極的結果。綠色性格的人通常能夠促成團隊的平穩過渡，並幫助團隊成員在變革後重新建立信心和工作效率。

STAR 模型的應用

STAR 模型（情境、任務、行動、結果）是一種結構化的方法，幫助面試官評估應徵者是否具備必要的性格特質。在識別綠色性格的過程中，STAR 模型能夠幫助面試官確認應徵者是否擅長在變革中提供支持和協助，並幫助團隊成功應對挑戰。

總結

透過 STAR 行為面試法，面試官可以深入了解應徵者在面臨變革時的應對方式。綠色性格的應徵者通常展現出其卓越的支持性、協作性和耐心，他們擅長在團隊需要時提供穩定力量，並幫助他人成功適應變化。

綠色性格特質的 STAR 回答示例

綠色性格的人通常具有強烈的協作性與支持性，擅長在變革中為團隊提供穩定的力量。透過 STAR 行為面試法，應徵者可以展示其如何在變革過程中協助團隊成員適應新的系統或流程。以下是一個關於綠色性格特質的具體回答示例。

情境（Situation）

描述：公司決定引入一套全新的管理軟體，這對於團隊成員來說是一個巨大的變革。許多人對於這次變動感到不安，擔心他們無法迅速適應新的系統。

任務（Task）

描述：我的主要任務是幫助團隊成員適應這套新的管理軟體，確保他們能夠順利過渡並熟練使用新系統，以避免因適應不良而影響工作效率。

行動（Action）

為了完成這項任務，我採取了以下具體行動：

1. 組織了一次培訓會議，詳細介紹了新軟體的功能和使用方法，讓團隊成員對新系統有初步的了解。

2. 設立了定期的問答時間，讓團隊成員可以在遇到問題時及時獲得解答，消除他們在學習過程中的焦慮。

3. 提供了一對一的輔導，根據每位成員的需求進行個性化指導，確保每個人都能掌握相關技能。

4. 組建支持小組，讓團隊成員能夠互相分享經驗和解決方案，進一步強化團隊合作和支持系統。

結果（**Result**）

描述：通過這些行動，團隊成員最終適應了這套新的管理軟體，並且沒有因為變革影響工作效率。每位成員都能夠流暢操作新系統，並且從小組中獲得了持續的支持和幫助，最終成功度過了過渡期。這次經驗讓我深刻認識到，在變革過程中，持續的支持和有效的輔導是確保團隊成功適應的關鍵。

分析：

這個回答示例展現了應徵者在面對變革時，如何通過穩定的支持和細緻的輔導幫助團隊成員適應新的系統或流程。綠色性格的應徵者擅長在變革中提供情感上的支持，並透過合作與溝通來化解團隊成員的焦慮和不安，使整個團隊能夠順利過渡並提升工作效率。

四、識別藍色性格（謹慎型）特質的 STAR 模型應用

藍色性格的人通常以謹慎、細心和精確著稱，特別擅長數據分析、邏輯推理和深入研究。透過使用 STAR 行為面試法，面試官可以更深入了解應徵者如何在面對複雜的數據分析或研究任務時，展現出這些謹慎型性格的特質。以下是針對藍色性格特質的具體問句與解讀。

1. 情境（**Situation**）

問題設計：請描述一個你曾經需要進行詳細數據分析或研

究的情境。

・在這個環節中，面試官希望了解應徵者在處理複雜問題或任務時，如何深入研究並進行精確的數據分析。這可以幫助判斷應徵者是否具備足夠的謹慎和細心來應對挑戰。

2. 任務（Task）

問題設計：當時你面臨的主要任務或挑戰是什麼？

・這裡旨在了解應徵者的具體角色和責任，尤其是在數據分析或研究中需要解決的核心問題。藍色性格的應徵者通常會展示他們如何分解任務，並仔細確認每個細節。

3. 行動（Action）

問題設計：你採取了哪些步驟來進行分析或研究？

・在這裡，應徵者需要具體描述他們如何收集數據、分析訊息並得出結論。藍色性格的應徵者通常會展示他們的邏輯思維、精確的數據處理能力，以及如何一步步推進分析工作的細節。

4. 結果（Result）

問題設計：這些行動的結果如何？請描述達成的成果或學到的經驗。

・最後，面試官希望了解應徵者的行動是否導致了準確的結果或有效的解決方案。藍色性格的人通常會強調數據分析的結果如何解決問題或為團隊提供了新的洞見。

STAR 模型的應用

STAR 模型（情境、任務、行動、結果）為面試官提供了一個系統化的方式，幫助評估應徵者在處理數據或研究任務時的謹慎性。通過具體的經歷和行動展示，面試官能夠判斷應徵者是否具備足夠的分析能力和謹慎特質來勝任相關崗位。

總結

透過 STAR 行為面試法，面試官可以深入了解應徵者在數據分析或研究中的具體行動。藍色性格的應徵者通常能夠展示他們的邏輯思維、細緻的數據處理能力，以及如何通過深入分析來提供精確的解決方案，這些都是謹慎型性格的重要體現。

藍色性格特質的 STAR 回答示例

藍色性格（謹慎型）的人通常擅長數據分析、精確研究和邏輯推理。通過 STAR 行為面試法，面試官可以深入了解應徵者如何在工作中進行數據分析和研究，並提供準確的決策支持。以下是一位應徵者展示其藍色性格特質的具體範例。

情境（Situation）

描述：在公司準備推出新產品之前，我被要求進行市場研究和數據分析，以評估該產品的市場潛力和競爭力。這項工作需要精確的數據和深入的市場洞察，對於公司的決策至關重要。

任務（Task）

描述：我的主要任務是收集和分析市場數據，並提供一份詳細的報告，幫助公司決策層制定產品上市策略。這項任務的挑戰在於確保數據的準確性和分析的完整性，並能夠在競爭激烈的市場環境中找出產品的市場機會。

行動（Action）

為了完成這項任務，我採取了以下行動：

1. 收集大量的市場數據，包括消費者行為、競爭對手分析以及市場趨勢，確保所使用的數據來自可靠的來源，並覆蓋多個關鍵領域。

2. 使用專業分析工具，我利用多種數據分析工具對市場數據進行清理和篩選，確保數據的準確性和有效性。

3. 進行多維度數據分析，深入分析不同市場因素的相互關係，並將分析結果整理成具體的圖表和報告。

4. 整理並呈現報告，最終，我將分析結果整合成一份詳細報告，並在公司決策會議上進行了匯報，為高層提供具體建議。

結果（Result）

描述：我的分析報告成功幫助公司做出了明智的決策，新產品在上市後獲得了良好的市場反應，銷售量超出了預期。這次經驗讓我深刻體會到，精確的數據分析在決策過程中的重要性，也讓我更加熟悉市場研究的多個面向。

分析：

這個 STAR 回答示例展現了藍色性格應徵者的謹慎與精確特質。應徵者通過清晰的行動描述，展示了其在數據分析中的邏輯性和細緻度，並強調了分析結果對公司決策的重要影響。這樣的行動和結果展示了藍色性格應徵者的優勢，他們通常在需要精確計算和深入研究的工作中表現出色。

Chapter15

十種關鍵職場能力，匹配不同崗位

在當今競爭激烈的職場中，個人的職場能力不僅是決定工作表現的關鍵因素，也是職涯成功的核心要素。隨著工作環境的不斷變化，企業對於員工的能力需求也越來越多樣化。無論身處哪個職位，具備相應的職場能力都能讓個人在職場中脫穎而出，並為團隊和企業創造價值。

本文將深入解析十種關鍵的職場能力，並探討這些能力在不同職位中的應用場景。透過具體案例的介紹，幫助讀者了解如何在實際工作中運用這些能力，進而提升職場表現，實現長期職涯發展目標。無論你是剛進入職場的新人，還是正在尋求突破的職業中堅，掌握這些能力將幫助你應對未來的挑戰，並在職涯中持續成長。

1. 黑色人（直率型）：開創者（力）

・**說明：**開創者通常是具有強大動力和決心的個人，能夠在不確定的環境中找到機會，甚至在看似困難的情況下創造新的路徑。他們通常對現狀不滿，並積極尋找更好的解決方案。

開創者往往能夠識別潛在的市場需求或技術革新點，並領導團隊實現這些目標。

・舉例：一名科技創業者在市場尚未成熟時，預見到了人工智慧的潛力，並創立了一家專注於AI技術的公司。儘管面臨資金困難和技術挑戰，他仍然堅持下來，最終將公司發展成為該領域的領導者。

2. 紅色人（活躍型）：推廣者（力）

・說明：推廣者非常擅長與他人溝通和建立關係。他們能夠將想法或產品傳達給廣大受眾，並激發他們的興趣。這種能力使他們成為非常有效的行銷人員或公關專家。推廣者的積極性和熱情常常能夠感染他人，並促使團隊和客戶接受新的概念或產品。

・舉例：一家新創公司推出了一款創新的健康應用程式，但市場認知度低。一名推廣者利用他的社交網絡，聯繫多家健康雜誌、部落客和影響力人物，通過一系列線上和線下活動迅速提高了應用的曝光率，短時間內使下載量大幅提升。

3. 綠色人（隨和型）：支援者（力）

・說明：支援者通常是團隊中穩定且可靠的成員，他們願意提供幫助，並確保所有後勤和細節得到照顧。他們的細心和負責任的態度使得他們能夠維持項目的順利進行。支援者通常在危機中發揮關鍵作用，確保團隊能夠有效應對挑戰。

・**舉例**：在一次大型跨國企業合併過程中，一名支援者負責統籌員工搬遷、IT 系統整合以及新辦公室設立等事務，確保合併過程中的運營不受影響。

4. 藍色人（謹慎型）：分析者（力）

・**說明**：分析者的長處在於他們能夠冷靜地評估情況，並根據詳細的數據和事實做出決策。他們通常能夠找到問題的根源，並提出系統性的解決方案。他們在需要精確和深入分析的情況下尤其有價值。

・**舉例**：一家製造企業遇到了生產流程中的質量問題。一位分析者通過深入研究生產數據，發現了特定生產線上的設備偏差是問題的根本原因，並建議更換設備及重新調整生產流程，最終大幅降低了不良率。

5. 黑紅色人（直率活躍型）：推動者（力）

・**說明**：推動者結合了開創者的創新精神和推廣者的動力，他們能夠迅速評估機會並付諸行動。他們不僅能夠構思出創新的想法，還能通過行動推動這些想法的落地。推動者善於激發團隊的熱情，並帶領大家朝著共同的目標前進。

・**舉例**：在公司決定拓展國際市場時，一名推動者主動承擔起市場開拓的任務，他快速組建了一個國際銷售團隊，並在幾個月內成功打入了三個國外市場。

6. 黑綠色人（直率隨和型）：整合者（力）

• **說明**：整合者擅長協調不同的資源和意見，使得項目能夠順利進行。他們通常能夠在矛盾中找到平衡點，並促進團隊成員的合作。他們的綜合能力使得他們能夠在項目管理、跨部門合作中發揮關鍵作用。

• **舉例**：在一個包含技術、行銷和財務三個部門的複雜項目中，一名整合者成功地協調了各方意見，解決了各部門間的衝突，並確保項目按時完成。

7. 紅綠色人（活躍隨和型）：協調者（力）

• **說明**：協調者非常擅長處理人際關係，能夠促進團隊內部的和諧與合作。他們能夠有效地解決衝突，並在需要時調解各方立場。他們的能力使得他們在涉及大量溝通和協作的工作中表現出色。

• **舉例**：在一個涉及多國分支機構的項目中，協調者負責跨文化溝通，並確保各地團隊能夠理解和接受統一的工作流程，從而使得整個項目全球範圍內同步進行。

8. 紅藍色人（活躍謹慎型）：策略者（力）

• **說明**：策略者具有前瞻性思維，能夠根據市場趨勢和數據制定長期計畫。他們擅長規劃和預測，能夠為公司或團隊指明未來的發展方向。策略者的決策往往能夠在變幻莫測的環境中引領公司走向成功。

・**舉例**：一名企業戰略顧問為一家面臨增長瓶頸的企業制定了未來五年的擴展計畫，包含進入新市場的策略和產品線延伸，成功幫助企業突破瓶頸並實現業績翻倍。

9. 黑藍色人（直率謹慎型）：改革者（力）

・**說明**：改革者有能力識別並改進現有的流程和結構。他們具有挑戰現狀的精神，並能夠提出創新的解決方案。他們往往是組織變革的推動力，能夠提高效率並優化資源利用。

・**舉例**：一名改革者在評估公司營運時，發現了供應鏈中的不合理部分，並主導了一次全面的改革，這不僅大幅縮短了生產周期，還降低了成本。

10. 綠藍色人（隨和謹慎型）：策劃者（力）

・**說明**：策劃者專注於組織和計畫的落實。他們能夠制定細緻的工作計畫，並確保團隊的工作進度和質量。他們的計畫性思維使得他們能夠應對複雜的項目，並確保每個細節都得到適當的處理。

・**舉例**：在籌備一場大型國際會議時，策劃者負責制定詳細的活動日程，確保所有演講者和參會者的需求都得到滿足，最終使得會議圓滿成功。

醫美諮詢師關鍵職場能力解析：十項職場能力的需求與應用

職務名稱：醫美諮詢師

工作內容：

—針對來客之需求進行療程諮詢分析及建議

—顧客接待，針對客戶需求提供說明與建議

—提供專業建議與保養服務

—療程術前術後衛教，個案術後追蹤

—與顧客維持長久良好關係

醫美諮詢師是醫美產業中重要的職位，隨著人們對美容的需求不斷增加，醫美行業逐漸成為一個高速發展的市場。作為醫美諮詢師，你將有機會與客戶接觸，並協助他們制定適合自己的療程和保養方案，從而達到客戶的滿意度，同時也能夠在這個快速發展的行業中獲得更多的成長和發展機會。

根據醫美諮詢師的工作內容和職責，我們可以推測出這個職位對應於十項職場能力的強弱需求：

1. 開創力（黑色性格）：中度

・**應用**：作為醫美諮詢師，你需要為每位客戶設計個性化的美容療程，這需要一定的創新和靈活性，特別是在面對具有不同需求的客戶時，能夠提出有創意的解決方案。然而，這份工作並不強調大膽的創新或突破性的新方法，因此開創者的能力需要適中。

・**重要性**：中等重要。能夠靈活應對客戶的不同需求是優勢，但並不需要完全獨創的解決方案。

2. 推廣力（紅色性格）：強度

・**應用**：醫美諮詢師的重要工作之一是推廣療程和服務，讓客戶感受到建議方案的價值並樂於接受。這需要你具備高超的說服力和影響力，能夠在面對面溝通中展示自信並建立信任感，這樣才能吸引並留住客戶。

・**重要性**：非常重要。成功的諮詢師需要能夠有效推銷自己及療程，這直接影響到銷售業績和客戶滿意度。

3. 支援力（綠色性格）：強度

・**應用**：支援者能力在醫美諮詢師的角色中尤為重要，因為你需要與客戶建立長期關係，並在術前術後提供持續的支持和關懷。這包括對顧客的擔憂做出積極回應，並確保他們在每個療程中都感受到被照顧。

・**重要性**：非常重要。穩定和有耐心的支持能夠增強顧客的信任，並提高顧客對服務的忠誠度。

4. 分析力（藍色性格）：中度

・**應用**：在諮詢過程中，你需要評估顧客的需求和狀況，並提出最合適的療程建議。這需要一定的分析能力來判斷哪種療程最適合顧客的具體情況，並在必要時提供數據支持。然而，這些分析並不需要非常深奧，因此分析者能力需求為中度。

・**重要性**：中等重要。精確的分析能夠提升專業形象，但過度依賴分析可能會削弱與顧客的情感連結。

5. 推動力（黑紅色性格）：弱度

・**應用**：推動者的能力更多適用於需要推動團隊向目標前進的工作環境，而在醫美諮詢師的角色中，你的主要工作是提供個人化的服務，而非推動整個團隊達成目標。因此，推動者的需求較低。

・**重要性**：較低。該能力更多應用於管理和領導層，而非個體的諮詢師角色。

6. 整合力（黑綠色性格）：中度

・**應用**：醫美諮詢師需整合來自不同專業（如醫生、護理人員）的資訊，並將其轉化為客戶可以理解並接受的建議。此外，管理客戶的術前術後需求，並確保他們得到全面的照顧也涉及到一定的整合能力。

・**重要性**：中等重要。能夠整合多方資源為顧客提供完整的服務是加分項，但不是主要職責。

7. 協調力（紅綠色性格）：強度

・**應用**：協調者能力對於醫美諮詢師來說是至關重要的，因為你需要與顧客建立信任，並且在不同的療程階段與顧客、醫護人員保持溝通。這要求你能夠很好地協調各方的需求，確保所有人都朝著同一個目標努力。

・**重要性**：非常重要。成功的協調可以確保服務過程的順暢和顧客的滿意度。

8. 策略力（紅藍色性格）：弱度

・**應用**：策略者的能力在醫美諮詢師的角色中並不強調，因為這個職位主要是執行既定的療程和諮詢流程，而非制定新的戰略或計畫。因此，策略者能力需求較低。

・**重要性**：較低。此能力對於戰略層面的工作更為重要，而非日常的顧客服務。

9. 改革力（黑藍色性格）：弱度

・**應用**：改革者的能力在此角色中的重要性不高，因為醫美諮詢師主要遵循既定的療程和公司流程，並不需要頻繁地變革或挑戰現有體系。

・**重要性**：較低。此能力在較穩定的工作流程中作用有限。

10. 策劃力（綠藍色性格）：中度

・**應用**：醫美諮詢師需要一定的策劃能力來組織和管理顧客的療程計畫，並在諮詢過程中清晰地傳達和執行這些計畫。但由於工作重心在於人際互動，策劃能力需求為中度。

・**重要性**：中等重要。良好的計畫和組織能力有助於工作效率，但過度計畫可能會影響靈活性。

總結

醫美諮詢師的工作主要集中在人際交往、溝通協調、以及提供高品質的客戶服務上。因此，在這個職位上，推廣力、支援力和協調力的能力尤為重要，而創新、推動團隊、改革等能力則相對次要。

- 推廣力、支援力、協調力是醫美諮詢師成功的關鍵，它們能夠幫助你建立客戶信任、促進療程銷售並確保客戶滿意。
- 開創力、分析力、整合力、策劃力在這個職位中也有一定的重要性，但需要根據具體情況靈活運用。
- 推動力、策略力、改革力在醫美諮詢師的日常工作中作用較小，因此需求較低。

這樣的分析可以幫助確定招聘過程中應該優先考慮哪些能力，從而選擇最合適的候選人來滿足職位需求。

Chapter16

如何設計反映應徵者真實能力的問卷

1. 職場能力評估問卷概述

職場能力評估問卷是一種結構化的篩選工具，通過具體的問題來評估應徵者是否具備職位所需的技能和能力。問卷能夠有效地將應徵者的背景、經驗與特定職位要求進行匹配，使招聘者可以更系統地了解應徵者的能力強弱。這樣的問卷不僅節省時間，還有助於篩選出最有潛力的候選人。

在設計問卷時，關鍵在於如何設置問題，從而能準確反映出應徵者的能力。這包括對職場能力的充分理解，並將其轉化為具體情境問題。問卷的設計應根據職位需求，提出與日常工作相關的問題，從而測試應徵者在實際工作中如何應對各種挑戰。

2. 設計情境式問卷

情境式問卷是一種將抽象的職場能力轉化為具體工作場景的評估工具。它通過設計真實工作場景的問題，讓應徵者描述在特定情況下的反應和決策，從而測試他們的能力。這種方法能夠避免一般性的回答，幫助招聘者深入了解應徵者的實際工作能力。

設計情境式問卷的關鍵在於將十種職場能力轉化為具體問題。以醫美諮詢師職位為例，這個職位要求較強的推廣力、支援力和協調力。以下是一個針對醫美諮詢師的情境式問題示範：

問題示範：「如果一位客戶在術後對結果表示不滿，並提出了多次調整要求，你會如何應對？」

・最符合的回答可能是展示支援力，表達對顧客擔憂的理解，並積極提供後續服務的具體方案。

・中等符合的回答可能是表達理解但缺乏具體解決方案，或僅提出標準化的解決方法。

・較不符合的回答可能是無法正面解決顧客問題，缺乏應對措施。

這樣的問題能幫助評估應徵者在面對困難客戶時的應變能力和支援力。

3. 問卷應用與分析

當問卷設計完成後，下一步是如何應用和分析問卷結果。招聘者可以通過應徵者的回答評估其能力的強弱，從而篩選出最符合職位需求的候選人。具體來說，可以通過將每個情境問題設置不同的分數範圍（最符合、中等符合、較不符合），來對應徵者進行打分，最終得到一個綜合評分。

不同職位可能需要不同的能力強度，因此可以根據具體職位需求來調整問卷設計。例如，對於銷售崗位，推廣力和協調力的問題可以占更大比例，而對於分析型崗位，則可以增加分析力和策劃力的問題。

參閱附錄 3：職場能力評估問卷，進一步了解如何設計和應用問卷來評估應徵者的能力。

Chapter17

行為面試揭示應徵者的思維和行動邏輯

1. 行為面試的核心概念

行為面試是一種基於過去行為預測未來表現的方法，旨在通過應徵者對具體行為的描述，了解其在特定情境下的思維過程和行動邏輯。行為面試法認為，過去的行為是預測未來表現的最佳指標，通過探討應徵者過往的經驗，可以更準確地評估其在未來工作中的表現。

2. 行為面試問題設計

設計行為面試問題的關鍵在於提問方式。問題應該是開放式的，引導應徵者深入描述其過往經歷，而不是簡單的「是」或「否」回答。例如，對醫美諮詢師這樣的職位，可以設計如下問題：

問題示範：「請描述一次你如何處理一位對療程不滿的客戶，並成功讓他重新滿意的經歷。」

這類問題讓應徵者具體描述其行動，而不只是表達一個概括性的看法。跟進問題可以進一步探討應徵者的決策過程和結果，例如：「在這個過程中，你是如何判斷客戶的需求？你是如何與客戶保持溝通的？」

這些問題可以揭示應徵者的推廣力、協調力等關鍵能力，並通過具體案例來評估應徵者是否具備這些能力。

參閱附錄 4：行為面試問題設計，了解更多關於行為面試問題的設計細節和應用。

3. 模擬與反饋

模擬行為面試練習是一種有效的方式，通過實際操作讓招聘者掌握行為面試的技巧。參與者可以進行行為面試的模擬練習，並通過即時反饋來改進他們的提問技巧和分析應徵者回答的能力。這種練習不僅能提高招聘者的面試技巧，還能加深他們對應徵者行為邏輯的理解。

最後，將行為面試與問卷結果結合進行全面評估是一個有效的策略。通過問卷篩選出符合基本能力要求的候選人，再通過行為面試深入了解他們的思維和行為模式，可以大大提高招聘的準確性。

總結

職場能力評估問卷和行為面試是招聘中的兩個強有力工具。問卷可以幫助篩選出符合基本要求的候選人，而行為面試則能深入挖掘應徵者的能力和思維模式。通過這兩者的結合，招聘者可以做出更加精準的決策，確保找到最合適的候選人來勝任職位需求。

Chapter18

依據性格特質選擇最合適職位的人才

在現代企業中，選擇適合特定職位的人才是確保企業長遠成功的關鍵。每個職位都有不同的職責與需求，而找到能夠勝任該職位的人才，往往需要根據職位的要求來精準篩選應徵者，確保他們具備必要的性格特質和專業能力。以下是如何選擇適合特定職位人才的過程。

1. 確定職位需求

選擇適合人才的第一步是明確職位的核心職責和要求，理清這個崗位需要哪些性格特質來達成目標。這可以通過以下幾個步驟來實現：

・**分析職位職責**：首先要對該職位的主要職責進行深入分析，了解該崗位的目標和所需的日常工作技能。這有助於招聘者了解應徵者的核心能力需求。

・**識別關鍵性格**：每個職位都需要特定的性格類型。根據崗位的不同，某些性格類型可能更適合。例如，銷售職位可能需要推廣能力強的紅色人，而技術職位則更適合謹慎的藍色人。

2. 篩選候選人

在篩選候選人時，可以從兩個步驟入手：

・**初步篩選：**首先，通過簡歷篩選和初步面試，確定候選人的基本技能和經歷是否符合崗位需求。這一步可以幫助快速排除明顯不符合要求的候選人。

・**性格測評：**為了更深入地了解候選人的性格特質，使用性格測評工具是必不可少的。這一步可以進一步篩選出那些與職位需求相匹配的候選人。

3. 最終選擇

在篩選過程中，最終選擇合適的候選人還需考慮以下因素：

・綜合評估：綜合考慮候選人的技能、經驗和性格測評結果，從中選擇最適合該職位的人才。這一步驟需要招聘者將所有相關訊息整合起來，做出最終的評估。

・面試確認：最後，通過深入面試來確認候選人的性格特質是否真正與職位需求高度匹配。這有助於進一步檢驗候選人的應對能力，確保他們能夠在實際工作中展現出合適的性格特質和工作能力。

總結來說，精準識人選才不僅需要深入了解職位需求，還需要通過多種評估手段來選擇最符合該崗位性格特質和技能要求的人才。通過性格測評工具和結合面試過程中的觀察，企業能夠選擇出最合適的候選人，實現人才與職位的完美適配。

Chapter19

職場性格指南：最佳職位匹配策略

每個職位對於性格特質的需求是多樣且獨特的，這些性格特質決定了個人在該職位上的表現如何。以下將根據性格特質的分類，深入探討每種性格適合的職位類型，並舉出更多的具體職位範例，幫助企業在選才過程中做出更精準的判斷。

1. 黑色人（開創者）

適合職位：

- 創業者、共同創辦人
- 高階管理職位
- 事業部總監
- 產品開發經理
- 市場開拓經理
- 銷售總監
- 新事業拓展總監
- 創新項目負責人
- 專案領導者

特點：黑色人通常具備強大的決策能力、行動力與責任感，能夠在壓力和不確定性中做出正確決策。他們喜歡挑戰現狀，積極尋找機會，並推動團隊達成遠大的目標。

適配理由：這些職位通常涉及到高風險的決策、領導團隊、推動業務發展，黑色人的特質能夠滿足這些需求，尤其在開創性業務或需要領導變革的環境中，表現尤為突出。

2. 紅色人（推廣者）

適合職位：

- 業務拓展經理
- 客戶關係經理
- 行銷經理
- 醫美諮詢師
- 客戶經理
- 產品推廣專員
- 銷售專員
- 活動策劃專員
- 公關專員
- 社群行銷經理
- 商業顧問

特點：紅色人擅長與人溝通，充滿熱情和感染力，能夠建立並維持良好的客戶關係。他們有強烈的行動意願，適合擔任推廣性質的職位，能將產品或服務的價值最大化地傳遞給消費者。

適配理由：這些職位通常要求積極的互動、良好的說服力與人際關係建立能力，紅色人的社交技能、推廣能力以及熱情讓他們能在這些崗位上表現出色，帶動業務成長。

3. 綠色人（支援者）

適合職位：

- 客戶服務經理
- 人力資源經理

- 客服專員
- 行政助理
- 人力資源助理
- 照護人員
- 長期照護管理員
- 諮詢顧問
- 社會工作者
- 教學助理

特點：綠色人性格溫和、耐心且樂於助人，能夠提供支持和協助，確保團隊或個人得到充分的照顧與幫助。這些特點使他們特別適合提供持續支援和服務的職位。

適配理由：這些職位通常要求耐心、關懷以及高效的支援能力，綠色人的穩定性和善於處理細節的特質讓他們在這類崗位中能夠提供優質的服務，並確保工作流程順暢進行。

4. 藍色人（分析者）

適合職位：

- 數據分析師
- 會計師
- 財務規劃師
- 風險管理專員
- 系統分析師
- 科學研究員
- 資訊技術工程師
- 產品測試專員
- 品管工程師
- 商業分析師
- 資料科學家

特點：藍色人邏輯思維強、注重細節，擅長收集和分析數據，並基於數據和事實提出解決方案。他們善於處理複雜問題，能夠從繁雜的資訊中提取出有價值的洞察。

適配理由：這些職位強調精確的數據分析、問題解決和嚴謹的決策過程，藍色人的邏輯性和細節導向讓他們能夠出色完成需要深入分析和準確執行的工作。

5. 黑紅色人（推動者）

適合職位：

- 新創公司創辦人
- 產品經理
- 行銷企劃經理
- 國際業務經理
- 業務發展經理
- 業務主管
- 業務拓展專員
- 大型活動推動人
- 專案經理

特點：黑紅色人結合了開創者的創新精神和推廣者的行動力，他們能迅速評估機會並付諸行動，推動團隊進行變革或拓展新業務。他們擅長激勵他人，並帶領團隊完成艱難目標。

適配理由：這些職位需要推動創新、快速拓展市場、激發團隊潛力，黑紅色人具備的創新和推動能力非常適合這類高挑戰、高回報的職位。

6. 黑綠色人（整合者）

適合職位：

- 跨部門協調經理
- 企業內部協調專員
- 專案協調員
- 客戶經理

- 後勤管理專員
- 協作專案經理
- 人力資源經理
- 供應鏈管理專員

特點：黑綠色人擅長整合各方資源，協調不同部門和團隊，他們在複雜環境中能夠找到最佳解決方案，並維持整體工作流程的穩定性和一致性。

適配理由：這些職位通常要求多方溝通、資源協調與問題解決能力，黑綠色人的整合能力和協作特質能幫助公司高效運作，並確保專案的順利執行。

7. 紅綠色人（協調者）

適合職位：

- 客戶服務經理
- 供應商管理專員
- 人力資源經理
- 業務跟單經理
- 公關經理
- 客戶關係專員
- 內部專案協調人
- 社群經理
- 內部流程專員

特點：紅綠色人具有很強的協調能力，能處理不同人的需求並找到平衡點，讓團隊成員之間的協作更加順暢。他們能有效解決衝突，並建立良好的團隊合作氛圍。

適配理由：這些職位通常需要在內部和外部之間進行有效的溝通與協調，紅綠色人的社交能力和協調技巧能確保任務順利進行，並增進團隊合作。

8. 紅藍色人（策略者）

適合職位：

- 戰略規劃師
- 專案管理師
- 產品經理
- 行銷總監
- 市場研究員
- 商業顧問
- 業務發展經理
- 國際業務發展經理

特點：紅藍色人具有敏銳的市場洞察力，能夠根據市場趨勢和數據制定長期策略。他們不僅具備宏觀的策略思維，還能細緻規劃每個步驟，確保計畫的順利實施。

適配理由：這些職位需要具備長遠的眼光與精確的規劃，紅藍色人的策略思維和分析能力可以幫助公司制定出有效的發展路徑，並在競爭中取得優勢。

9. 黑藍色人（改革者）

適合職位：

- 創新管理經理
- 資訊技術主管
- 風險管理顧問
- 流程優化經理
- 變革管理專員
- 質量管理經理
- 產品開發總監

特點：黑藍色人具有強烈的改革精神，能夠識別現有流程中的問題，並提出創新的解決方案。他們適合在需要變革和創新的環境中發揮作用，推動組織變革和流程優化。

適配理由：這些職位通常涉及到組織變革、流程優化和創新管理，黑藍色人的改革思維和變革推動力讓他們能夠在這些領域中實現突破，推動企業進步。

10. 綠藍色人（策劃者）

適合職位：

- 專案管理師
- 工程師專案主管
- 行政管理員
- 活動策劃經理
- 供應鏈管理員
- 營運計畫專員
- 專案協調員
- 產品計畫經理

特點：綠藍色人擅長細緻的策劃與時間管理，並具備高度的組織能力，確保所有任務按部就班地推進。他們注重細節，並能根據情況變化靈活調整計畫，以確保最優結果。

適配理由：這些職位強調策劃能力、時間管理和細節掌控，綠藍色人的策劃能力與條理性特質，使他們能夠在這類職位中出色地完成任務，確保工作按時且高品質地完成。

總結

根據不同職位對性格的需求，企業可以更精確地進行人才選擇與配置。選擇合適的人才，不僅能提升工作效能，也能促進團隊合作，最終推動企業達成其業務目標。

Part 5

建立高效能組織，打造卓越合作團隊

Chapter20

建立高效能組織的七大關鍵要素

當我們談到高效能組織的建立，基本上是指如何設計和營運一個能夠讓公司或團隊以最佳效率運作的架構，從而達到預定的目標和任務。這其中涉及到角色和職責的清晰分工、順暢的內部溝通、靈活的決策機制，以及資源的最佳分配。以下是組織能高效運行的七大關鍵要素：

1. 明確的目標和策略

這是指公司或組織必須設定清晰的目標和策略，讓每個成員都清楚了解並認同這些目標。這樣，整個組織才會朝著共同的方向前進，避免成員之間的誤解或工作方向不一致。

2. 適當的組織結構

依據組織的規模和性質來設計合理的架構。較小的組織可以選擇扁平化結構，促進靈活性和快速回應；而較大的組織可能需要層級式的結構，以便更好地控制和管理資源。

3. 有效的溝通管道

溝通是確保訊息在組織內部暢通無阻的關鍵。開放、透明的溝通渠道能讓正確的訊息及時傳遞到相關的成員，從而避免誤會或資訊滯後問題。

4. 科學的角色和職責分工

根據每個成員的專長和優勢，合理分配角色和職責，確保每個人都在最適合自己的崗位上發揮作用。這樣，才能讓整個組織發揮出最佳的效果，避免人力浪費。

5. 靈活的決策機制

一個高效的組織需要能夠靈活應對變化。這意味著決策機制必須具備彈性，能夠根據市場和組織內外部的變化快速做出正確的決策，而不會因為繁瑣的流程而拖延。

6. 高效的資源配置

包括人力、物力和財力等資源的合理分配。確保這些資源能被有效利用，讓他們用在最有價值的地方，最大限度地支持組織目標的實現。

7. 持續的績效評估和改進

任何組織都需要不斷進行績效評估，這樣才能根據評估結果發現不足，並進行改進和優化，確保組織始終保持在高效的狀態下運作。

總結來說，高效能組織的建立就是要在清晰的目標指引下，利用有效的溝通、靈活的決策、和資源的最佳配置，讓每個人都能發揮所長，並不斷改進以達到更高的效率。

高效能組織建立個案：科技公司 TechVision

個案背景：

TechVision 是一家科技公司，目標是在三年內成為該產業的領導者。他們決定運用「十色性格理論」來解析和發揮員工的特質，從而建立一個高效的組織架構，並強化在國際間的合作文化。TechVision 運用這個理論，以便更精確地安排每位員工的職責，讓大家都能發揮所長，提升整體效率。

組織架構：

TechVision 的組織結構分為幾個部門，每個部門都根據員工的性格特質和職位需求進行人員分配：

1. **高階管理團隊**

   成員：黑色人（開創者）、黑綠色人（整合者）。

   職位：CEO（執行長）、COO（營運長）。

   職責：負責公司戰略制定、決策和資源分配，並確保日常營運管理的順暢，協調各部門間的合作。

2. **產品開發部門**

   成員：黑藍色人（改革者）、紅藍色人（策略者）。

   職位：產品開發經理、產品策略專員。

   職責：負責產品研發、品質管理及技術創新，並推進市場拓展，制定新產品策略。

3. **銷售與行銷部門**

   成員：紅色人（推廣者）、黑紅色人（推動者）。

職位：行銷總監、銷售總監。

職責：負責行銷推廣、品牌建設與客戶關係管理，持續擴展市場及客戶群。

4. **技術支援部門**

成員：綠藍色人（策劃者）、綠色人（支援者）。

職位：技術支援經理、客戶支援專員。

職責：負責解決技術問題，提供技術支援，協助解決客戶的個別需求。

5. **人力資源部門**

成員：紅綠色人（協調者）、綠色人（支援者）。

職位：人資經理、員工關係專員。

職責：負責招募、培訓人才，並推動公司內部文化建設，強化團隊凝聚力及激勵系統。

6. **財務部門**

成員：綠藍色人（策劃者）、藍色人（分析者）。

職位：財務總監、財務分析師。

職責：進行財務分析，提供財務支持，協助公司資金運營和分配。

7. **營運與物流部門**

成員：黑綠色人（整合者）、綠藍色人（策劃者）。

職位：營運經理、物流經理。

職責：負責日常營運與物流管理，確保供應鏈順暢運作，滿足市場需求。

組織設計的核心理念：

TechVision 的組織設計基於每個部門的需求，並充分考量員工的性格特質，進行精準的人才配置。高階管理層專注於制定戰略與決策，技術團隊負責技術創新和支援，而銷售與行銷團隊則擴展市場影響力。這種設計不僅能讓各部門發揮最大的效能，也能確保內外部的協作順暢無阻。

總結來說，TechVision 透過十色性格理論，打造了一個高效且靈活的組織架構，這不僅有助於內部的協作，也加強了他們在國際市場中的競爭力。

從目標到執行：TechVision 的高效能組織建立七大關鍵

1. 明確的目標和策略

設定清晰的組織目標和策略，使所有成員了解並認同這些目標，確保整個組織朝著共同的方向努力。

TechVision 需要制定明確的短期和長期目標，例如在三年內成為行業領導者。這些目標應該具體、可衡量且具有挑戰性。高層管理團隊應該定期與員工溝通這些目標，確保所有成員理解並認同，並且每個部門的策略和行動計畫都應與公司總體目標一致。

2. 適當的組織結構

根據組織的規模和性質設計合理的結構，可以是扁平化的結構以促進靈活性，或是層級式的結構以加強控制力。

根據 TechVision 的需求，選擇適當的組織結構。例如，對於創新驅動的科技公司，可以採用扁平化結構，以促進靈活性和快速響應市場變化。然而，在某些需要嚴格控制的部門，如財務和運營，可能需要層級式結構來加強控制力和規範管理。

3. 有效的溝通管道

建立開放且透明的溝通管道，確保訊息在組織內部流通暢通，並及時傳遞給相關人員。TechVision 應該建立多種溝通管道，如定期的部門會議、跨部門協作會議、內部通訊系統等，確保訊息能夠在組織內部暢通無阻地流通。高層管理者應該保持透明度，及時向員工傳達公司的決策和變化，並鼓勵員工提出建議和意見。

4. 科學的角色和職責分工

根據成員的專長和優勢進行角色和職責分配，確保每個人都在最適合的崗位上發揮作用。利用十色性格測算結果，TechVision 可以根據每個員工的專長和特質進行角色和職責分配。例如，藍色人（分析者）適合從事數據分析和研究工作，紅色人（推廣者）適合市場推廣和客戶關係管理。這樣的分配可以確保每個員工都能在最適合的崗位上發揮最大作用。

5. 靈活的決策機制

採取靈活的決策機制，使得決策能夠迅速而準確地做出，適應市場變化和組織需求。TechVision 應該建立一個靈活的決策機制，允許不同層級的管理者在各自的職權範圍內做出決策。同時，建立緊急決策小組，當市場或內部出現重大變化時，能夠快速集結相關人員進行決策。這樣可以保證公司的決策能夠迅速適應市場變化。

6. 高效的資源配置

合理分配和使用組織資源，包括人力、物力和財力，確保資源得到最優化利用，最大限度地支持組織目標的實現。TechVision 需要制定明確的資源配置計畫，確保每個部門在需要時能夠獲得足夠的資源支持。例如，為產品開發部門提供必要的研發資金和設備，為市場部門提供推廣和宣傳的預算。同時，實施有效的資源監控和調整機制，確保資源使用的高效性和靈活性。

7. 持續的績效評估和改進

定期進行績效評估，根據評估結果進行改進和優化，保持組織的高效運作。TechVision 應該建立一套全面的績效評估體系，定期評估每個部門和員工的工作表現。根據評估結果，識別出需要改進的領域，並制定相應的改進計畫。同時，鼓勵員工自我評估，提出改進建議，形成持續改進的良性循環，保持組織的高效運作。

通過以上這七個方面的詳細規劃和實施，TechVision 可以有效地利用十色性格測評，建立高效的組織結構和卓越的團隊合作文化，實現成為行業領導者的目標。

Chapter21

卓越團隊合作的六大關鍵成功要素

卓越團隊合作指的是團隊成員之間能夠高效合作，發揮各自的長處，並朝著共同目標前進。這不只是單純完成工作，而是透過良好的溝通、信任與相互支持，讓整個團隊達到超越個別成員能力的結果。以下是卓越團隊合作的幾個關鍵要素：

1. 共同目標

團隊必須有明確的目標，並且每個成員都要清楚了解並認同這個目標。這樣大家才能朝著相同方向努力，避免各自為政、資源浪費或時間延誤。

2. 有效溝通

建立開放且透明的溝通管道非常重要，確保資訊能在團隊內流通順暢，所有人都能即時掌握專案的進度、需要解決的問題和未來的計畫。這可以透過定期會議、團隊訊息群組等方式來進行，讓每位成員能隨時掌握狀況。

3. 角色分工

依據成員的專長和長處來分配任務，讓每個人都能在自己擅長的領域發揮最大效益。這不僅能提高工作效率，還能避免資源浪費，確保工作品質更好。

4. 信任與支持

建立團隊成員之間的互信和支持感至關重要。這樣能促進合作、減少內部的競爭和摩擦，讓團隊運作更加順暢。彼此信任也能讓成員在遇到問題時更願意尋求協助，加快問題解決。

5. 解決衝突

團隊中出現衝突是無可避免的，但應該積極面對並處理分歧。當出現意見不一致時，應採取正面的態度，透過溝通和協調來解決問題，確保團隊保持和諧穩定的運作氛圍。

6. 持續改進

定期檢討和反思是提升團隊表現的重要步驟。透過不斷總結經驗教訓，調整工作流程和合作方式，團隊能在未來的專案中運作得更好，達到更高的工作效率和成果。

總結來說，卓越的團隊合作不只依賴個人的努力，更需要成員之間的有效協調、溝通與支持，才能夠讓整體發揮最大的潛力，並且超越單獨個人的表現。

總結

卓越團隊合作不僅是完成工作，更在於透過有效的溝通、角色分工和信任的建立，讓團隊能夠超越個人能力的極限，達成共同目標。持續的改進與及時的衝突解決，則是讓這樣的合作模式得以長期運行的關鍵。

劉邦的團隊管理智慧：如何打造互補型高效能團隊

互補型高效能團隊的定義

互補型高效能團隊是一個由具備共同目標、使命感及清晰願景的成員組成的群體。這些成員能夠通過相互協作和知識技術的互補，來提升整體團隊的效能，從而實現共同的目標與成果。這種團隊的關鍵在於，成員之間的能力能夠互相補足，無論是專業技能還是策略思維，都是為了彌補彼此的不足，從而達到更好的結果。

劉邦的團隊管理哲學

劉邦在建立漢朝的過程中，依靠了一支由張良、蕭何和韓信組成的核心團隊。這些成員各自具備獨特的才能，並在不同領域發揮著關鍵作用。劉邦成功的關鍵在於他懂得如何運用這些人才，讓整個團隊的合力超越個人的表現。

1. 張良（策略者）

張良是一位深謀遠慮的軍師，擅長制定整體戰略，幫助劉邦在戰略層面運籌帷幄、決勝千里之外。張良作為**策略者**，負責為團隊提供宏觀的戰略規劃，指引團隊在大方向上不偏離目標。

2. 蕭何（策劃者）

蕭何負責內政和後勤的整體規劃，確保團隊的日常運作順暢。他在資源管理、官僚體系的建立以及維護後方穩定方面展現了卓越的才能。蕭何作為**策劃者**，精通規劃與執行，負責調配團隊資源，確保各項資源供應充足，並讓團隊運行如常。

3. 韓信（推動者）

韓信是一位戰場上的天才，負責軍事行動的具體執行。他的軍事指揮才能在每場戰役中都表現得淋漓盡致，幾乎每次出征都能獲得勝利。韓信作為**推動者**，負責將策略付諸行動，帶領軍隊取得實際的勝利。

劉邦作為「整合者」的角色

劉邦在這個團隊中扮演「整合者」的角色，他不會親自去處理每件事，而是透過靈活運用人才，讓各種能力的人發揮自己的專長。他清楚了解自己的不足，懂得依賴張良、蕭何、韓信等人的專業來補足自己的短處，藉此提升整個團隊的效能。這種用人之道是劉邦能夠成功的關鍵之一。

整合的團隊角色

- **張良（策略者）**：提供戰略指導，確保團隊的長期方向和決策的正確性。
- **蕭何（策劃者）**：負責資源管理和後勤規劃，確保團隊運作順暢且資源充分。
- **韓信（推動者）**：具體執行戰略，負責推動和實施行動計畫。
- **劉邦（整合者）**：協調和整合各個專長，發揮人才的最大價值，最終達成團隊目標。

這種互補型的團隊運作模式展現了高效能團隊的合作方式，強調了在現代企業管理中的價值。企業若能夠善用人才的不同長處，並加以整合，便能大大提升組織的整體效能並實現長遠的成功。

總結

這個案例展示了互補型團隊在實踐中的具體運作方式。劉邦的團隊中，成員各自擅長不同的領域，他們的技能相輔相成，形成了一個高效能的團隊架構。企業可以從這個歷史案例中學到，如何通過角色分工、能力互補與信任支持來建立高效團隊，實現超出個人能力的成果。

Chapter22

性格導向管理：優化角色分配與職能發揮

在現代職場中，性格特質在工作中的重要性越來越明顯。傳統的職場策略往往注重技能與經驗，但忽視了性格如何影響個人在團隊中的表現與效率。隨著工作模式的變化，性格導向的管理策略已成為優化團隊運作、提升整體效能的關鍵手段。

本章探討如何根據性格特質進行角色分配，從而提升個人與團隊的整體效能。無論是管理者還是員工，都可以從中學習如何利用性格優勢，找到最適合的工作角色，並充分發揮潛力。

透過這種策略，我們可以提升工作效率，營造更具合作精神的工作環境，實現個人與團隊的成功。

性格導向管理案例分析

■ 團隊成員性格優勢與功能分布：

團隊成員	開創力	推廣力	支援力	分析力	推動力	整合力	協調力	策略力	改革力	策劃力
羅傑	中	極弱	中	弱	極弱	極強	極弱	極弱	中	中
瑞克	強	極弱	中	極弱	極弱	極強	極弱	極弱	極弱	極弱
史蒂芬	中	中	弱	極弱	極強	中	中	極弱	極弱	極弱
葛瑞絲	極強	弱	極弱	極弱	中	極弱	極弱	極弱	極弱	極弱
芙蕾雅	極弱	弱	極弱	極強	極弱	極弱	極弱	中	極弱	極弱
小雪	弱	極弱	極強	極弱	極弱	中	極弱	極弱	極弱	極弱
伊凡	中	極弱	極弱	強	極弱	極弱	極弱	極弱	極強	極弱
瑞亞	弱	中	極弱	中	中	極弱	極弱	極強	中	極弱

■ 團隊成員職場能力強弱度評估：

1. 羅傑的性格分析

- **整合力（極強）：羅傑**在整合資源和協調團隊方面表現非常出色，能夠將不同的元素整合在一起，達成團隊目標。
- **開創力、支援力、改革力、策劃力（中）**：他在創新、支援、改革以及策劃方面有一定的能力，可以提出新想法，提供協助，並在計畫制定中發揮作用，但這些不是他的主要強項。
- **分析力（弱）：羅傑**的數據分析能力相對較弱，可能在面對需要詳細數據分析的任務時感到挑戰。
- **推廣力、推動力、協調力、策略力（極弱）**：這些方面是他的薄弱點，**羅傑**可能不善於推廣新概念，缺乏推動項目進展的動力，並且在協調和長期策略制定上有所欠缺。

2. 瑞克的性格分析

- **整合力（極強）：瑞克**在協調資源和人員方面非常出色，能夠有效整合不同的意見和資源來達成目標。
- **開創力（強）：**他有較強的創新能力，能夠提出新穎的想法並推動創新項目。
- **支援力（中）：瑞克**在支援方面有一定能力，能在需要時提供幫助，維持團隊穩定。
- **分析力、推廣力、推動力、協調力、策略力、改革力、策劃力（極弱）：**這些方面是**瑞克**的薄弱點，他可能在推廣、執行、協調、策略制定和改革方面表現欠佳，依賴其他成員的支持。

3. 史蒂芬的性格分析

- **推動力（極強）：史蒂芬**在推動項目進展方面非常強大，能夠迅速決策並激勵他人執行計畫，是團隊的行動推動者。
- **開創力、協調力、推廣力、整合力（中）：**他具備一定的創新、協調、推廣和整合能力，能夠提出新想法、協調資源、推廣項目並整合團隊力量，但這些並非他的主要強項。

- **支援力（弱）：史蒂芬**在支援他人和提供協助方面能力相對較弱，可能不常主動提供幫助。
- **策劃力、分析力、策略力、改革力（極弱）：**他的策劃、分析、策略和改革能力相對薄弱，在這些方面可能需要更多支持。

4. 葛瑞絲的性格分析

- **開創力（極強）：葛瑞絲**在創新方面表現出色，是團隊中的創新驅動者，能夠提出前瞻性的想法和解決方案。
- **推動力（中）：**她在推動項目進展方面有一定能力，能夠推動項目進展，但這不是她的主要強項。
- **推廣力（弱）：葛瑞絲**在推廣方面能力較弱，可能需要更多的支持來有效地展示和推銷團隊的想法。
- **支援力、分析力、整合力、協調力、策略力、改革力、策劃力（極弱）：**這些方面是她的弱項，可能在分析、協調和策略制定上感到困難，並且在團隊合作和長期規劃中需要更多支持。

5. 芙蕾雅的性格分析

- **分析力（極強）：芙蕾雅**在數據分析和問題解決方面能力出眾，能夠深入研究並提出有效的解決方案。
- **策略力（中）：**她有一定的策略思維能力，可以參與制定長期計畫和戰略，但可能不是主要的策略制定者。
- **推廣力（弱）：**她在推廣方面能力較弱，可能需要更多的支持來有效地展示和推銷團隊的想法。

- **開創力、支援力、推動力、整合力、協調力、改革力、策劃力（極弱）：**這些方面是**芙蕾雅**的弱項，可能在推動項目進展、協調團隊工作和創新方面感到困難。

6. 小雪的性格分析

- **支援力（極強）：小雪**在支援他人和提供穩定支持方面能力非常強大，能夠確保團隊運作順暢，適合作為團隊中的支援角色。
- **整合力（中）：**她具備一定的整合能力，能夠協調資源和人員，但可能不是主要的整合推動者。
- **開創力（弱）：小雪**在創新方面能力較弱，可能在面對需要創新思維的任務時感到挑戰。
- **推廣力、分析力、推動力、協調力、策略力、改革力、策劃力（極弱）：**這些方面是**小雪**的薄弱點，可能在推廣和制定長期計畫時遇到困難。

7. 伊凡的性格分析

- **改革力（極強）：伊凡**在改革和推動變革方面非常強大，能夠識別問題並推動組織變革，是團隊中的變革驅動者。
- **分析力（強）：**她在數據分析和邏輯推理方面能力強大，能夠精確處理訊息並做出決策。
- **開創力（中）：**她具備一定的創新能力，可以提出新想法並協調資源，但這些不是他的主要強項。

- **整合力、策劃力、推廣力、支援力、推動力、協調力、策略力（極弱）：伊凡**在這些方面能力相對薄弱，可能在組織和協調資源方面需要更多支持。

8. 瑞亞的性格分析

- **策略力（極強）：瑞亞**在策略制定和計畫制定方面非常出色，能夠在複雜的環境中制定有效的戰略方案。
- **推動力、分析力、推廣力、改革力（中）：**他在推動項目進展、數據分析、推廣和組織改革方面有一定能力，可以協助完成任務，但這些可能不是他的核心強項。
- **開創力（弱）：瑞亞**在創新方面能力較弱，可能在提出新想法和應對創新挑戰時感到挑戰。
- **支援力、整合力、協調力、策劃力（極弱）：瑞亞**在這些方面能力較弱，可能在支援、整合和協調團隊工作時感到困難。

總結

這個團隊的成員在整合、開創和分析方面展現了強大的能力，但在推廣、協調、策劃等領域存在不足。建議在這些薄弱環節進行專業培訓或引入具有相應能力的新成員，以促進團隊的全面發展和高效合作。

任務：新市場開拓與銷售策略制定

目標：成立一個專門的團隊，負責公司在新市場的開拓和銷售策略的制定。該團隊旨在深入研究新市場，制定切實可行的銷售策略，並在一年內實現市場占有率達到5%的目標。羅傑被任命為項目負責人，帶領跨職能團隊執行這一重要任務，確保公司在新市場中的成功擴展和銷售增長。

團隊成員與人力配置：

1. 羅傑（項目負責人）

角色與職責：羅傑將負責統籌和協調整個團隊的工作，制定市場開拓和銷售策略。他將確保所有資源都得到有效分配，並負責與高層管理者溝通，確保項目符合公司的整體戰略目標。

優勢發揮：羅傑的整合力極強，能夠有效協調各部門的資源，推動項目進展，並在新市場開拓中起到帶頭作用。他將確保團隊在不同階段都能保持高效合作，達成銷售目標。

2. 瑞克（市場創新顧問）

角色與職責：瑞克將負責開發創新的市場進入策略，並設計能夠吸引新市場客戶的銷售方法。他將專注於發現市場中的機會點，並創造出能夠區別於競爭對手的策略。

優勢發揮：瑞克的開創力強大，能夠提出創新且實用的市場策略，確保公司在新市場中的定位具有競爭優勢。

3. **葛瑞絲（市場研究與客戶洞察專員）**

   角色與職責：葛瑞絲負責進行新市場的深入研究，分析當地消費者行為、競爭環境和市場趨勢。她將提供關鍵的市場洞察，幫助團隊制定有效的銷售策略，確保產品和服務能夠滿足當地市場需求。

   優勢發揮：葛瑞絲的開創力極強，能夠提供深入的市場分析，確保銷售策略基於準確的市場理解，並能夠吸引和留住新市場的目標客戶群體。

4. **芙蕾雅（數據分析師）**

   角色與職責：芙蕾雅負責分析市場數據、消費者行為和銷售數據，為市場策略的制定提供數據支持。她將監控銷售策略的執行效果，並根據數據分析結果提出改進建議。

   優勢發揮：芙蕾雅的數據分析力極強，能夠從大量市場數據中提取關鍵洞察，支持策略制定並確保策略的數據驅動性。

5. **史蒂芬（銷售執行經理）**

   角色與職責：史蒂芬負責銷售策略的具體執行，帶領銷售團隊實現銷售目標。他將確保銷售活動的順利進行，並處理市場開拓過程中的各種挑戰。

優勢發揮：史蒂芬的推動力極強，能夠有效推動銷售進展，並確保銷售策略得到有效執行，實現預期的市場占有率和銷售目標。

6. **小雪（客戶服務專員）**

   角色與職責：小雪負責處理客戶服務事務，確保所有客戶需求都能得到及時回應，並協助銷售團隊解決運營中的問題。

   優勢發揮：小雪的支援力極強，能夠確保客戶支持順暢進行，從而提升客戶滿意度和銷售效率。

7. **伊凡（技術與流程優化專員）**

   角色與職責：伊凡負責優化銷售流程，確保銷售活動的高效運作，並引入新的技術手段來提升銷售效率。她將專注於改進現有的銷售工具和系統，並支持銷售團隊的技術需求。

   優勢發揮：伊凡的改革力極強，能夠持續推動技術創新，並改進銷售流程，確保團隊始終能夠以最高效的方式運作，達成銷售目標。

8. **瑞亞（策略顧問）**

   角色與職責：瑞亞負責制定新市場的長期發展戰略，確保銷售策略與公司的長期目標一致，並提供市場進入策略的整體指導。

   優勢發揮：瑞亞的策略力極強，能夠提供明確的發展方向，確保市場開拓和銷售策略在戰略層面上保持一致性和可持續性。

團隊合作模式：

1. **定期策略會議：**羅傑將主持每週的策略會議，檢討市場開拓進展和銷售活動效果。團隊成員將分享各自領域的最新進展，並討論下一步的策略調整，確保項目保持靈活性和適應性。
2. **數據驅動決策：**芙蕾雅將定期提供數據分析報告，幫助團隊做出數據驅動的決策。史蒂芬和伊凡將根據這些數據調整銷售策略和運營流程，確保策略的有效性。
3. **跨部門協作：**葛瑞絲將與瑞克和瑞亞緊密合作，確保市場研究結果能夠直接轉化為可操作的市場進入策略。小雪將協助團隊內部的協作和客戶服務，確保所有部門能夠順暢合作，實現銷售目標。
4. **創新與改進：**伊凡將持續關注技術創新和流程改進，為銷售團隊提供最新的技術支持。瑞克將不斷引入新的創意，幫助公司在新市場中獲得競爭優勢。
5. **靈活資源配置：**根據市場開拓和銷售策略的不同階段，羅傑將靈活調整資源配置，確保技術、數據分析、客戶支持等方面的資源能夠在需要時得到加強。每個團隊成員的專業技能都將根據項目需求進行最佳配置。

預期結果：

通過這樣的團隊配置和合作模式，羅傑和他的團隊將能夠成功開拓新市場，制定並執行有效的銷售策略，確保公司在新市場中的增長和擴展。該策略將幫助公司建立強大的市場地位，實現銷售目標，並為未來的持續發展奠定堅實基礎。

Chapter23

打造跨部門協作的高效創新團隊

在當今的商業環境中，跨部門的團隊協作成為了企業保持競爭力的關鍵。隨著市場需求的多變和技術的迅速發展，單一部門的力量難以應對複雜的挑戰。成功的創新往往源自於來自不同背景、技能和性格特質的專業人士的緊密合作。如何整合這些多元化的資源，將各自的優勢發揮到極致，成為了每個領導者需要掌握的重要課題。

跨部門的協作雖然能夠帶來多樣化的創意和更全面的解決方案，但它也往往伴隨著溝通障礙、目標分歧和權責不清等挑戰。要想成功打造一個高效的跨部門創新團隊，領導者不僅需要強大的組織能力，還需要深刻了解每位成員的性格特質，並善於運用不同成員之間的協作優勢。

在接下來的職場故事案例中，我們將通過一家科技公司內的「產品創新小組」的實例，來展示如何通過合理的角色分配和高效的資源整合，成功實現創新突破，並最終將一款新產品推向市場。

職場故事案例：「產品創新小組的突破」

故事背景：

在一家快速成長的科技公司內，成立了一個專門負責產品創新的小組。這個小組的目標是開發出一款全新的智能設備，以應對市場需求的變化。團隊由來自不同部門的專家組成，每個成員都擁有獨特的技能和性格特質。他們面臨的挑戰是如何在有限的時間內完成一個具有競爭力的產品設計，同時保持創新與質量的平衡。

角色介紹：

1. **開創者**—艾德：小組的領導者，擅長快速決策和推動團隊前進。
2. **推廣者**—蘇菲：市場部專家，負責用戶需求調研和產品推廣策略。
3. **支援者**—約翰：工程師，專注於產品的技術支持和穩定性。
4. **分析者**—莉安：品質控制專家，確保產品的每個細節都符合標準。
5. **推動者**—蘭斯：項目經理，負責推動項目進度，確保目標達成。
6. **整合者**—凱特：資源協調者，負責管理團隊資源和進度協調。
7. **協調者**—艾米麗：設計師，負責產品外觀設計與用戶體驗。

8. **策略者**—邁克：數據分析師，負責市場分析與競爭策略制定。
9. **改革者**—凱文：技術創新專家，提出產品技術創新方案。
10. **策劃者**—克萊爾：項目協調員，負責項目計畫和風險管理。

場景一：初步構思的碰撞

・**場景描述：**團隊首次會議，討論產品的初步構思。每個成員都有自己對產品設計的想法，會議氣氛熱烈，但意見分歧也隨之而來。

・**思考問題：**如何在多種想法中找到平衡，確保創新與可行性？

艾德（開創者）提出快速決策的重要性，希望儘快確定產品方向。

蘇菲（推廣者）則強調市場需求，認為應根據用戶調研來決定。

凱文（改革者）提出突破性技術創新方案，但莉安（分析者）擔心這可能帶來質量問題。

邁克（策略者）進行了市場競爭分析，建議在創新與市場接受度之間找到平衡。

・**執行模式：**最終在凱特（整合者）的協調下，大家決定先進行市場測試，再進行技術創新的可行性評估，由克萊爾（策劃者）制定詳細的計畫來跟進。

場景二：產品原型的開發

・**場景描述：**經過多次討論，團隊開始進入產品原型的開發階段。這時候，團隊需要處理技術挑戰，同時保持項目進度。

・**思考問題：**如何應對開發過程中出現的技術困難和進度壓力？

蘭斯（推動者）推動團隊加快進度，確保按時完成任務。

約翰（支援者）強調技術穩定性，認為不應在質量上妥協。

凱文（改革者）提議使用新技術來解決目前的技術難題，但莉安（分析者）對新技術的穩定性表示擔憂。

・**執行模式：**在凱特（整合者）的協調下，團隊決定同時進行兩條線路的測試，一條由約翰（支援者）負責穩定性優先的技術方案，另一條由凱文（改革者）領導的創新技術測試，最終由莉安（分析者）進行質量檢查來決定最終採用方案。

場景三：市場反饋的處理

・**場景描述：**產品原型完成後，團隊開始進行小範圍的市場測試。測試結果顯示用戶對某些功能不滿意，團隊需要快速應對市場反饋。

・**思考問題：**如何根據市場反饋調整產品設計，並確保不影響最終發布時間？

蘇菲（推廣者）帶回了市場測試的結果，建議根據用戶需求進行調整。

艾米麗（協調者）提議修改設計以更好地滿足用戶需求。

艾德（開創者）強調時間緊迫，要求在不影響進度的情況下進行調整。

克萊爾（策劃者）提出風險管理方案，確保在調整過程中不會引發其他問題。

・**執行模式：**在蘭斯（推動者）的推動下，團隊決定優先調整最關鍵的功能，並由艾米麗（協調者）負責設計改動，凱特（整合者）協調資源，確保其他環節不受影響。

場景四：產品發布的最後準備

・**場景描述：**距離產品發布僅剩幾週時間，團隊進入最後的準備階段。然而，此時又出現了一些意外情況，例如供應鏈問題和最後的技術調整。

・**思考問題：**如何在壓力下完成最後的準備，並應對突發情況？

克萊爾（策劃者）提議進行詳細的風險評估，並制定應急計畫。

凱文（改革者）提出了技術優化方案，以解決供應鏈帶來的影響。

艾德（開創者）指揮全隊進行最後的衝刺，確保一切按時完成。

・**執行模式：**在克萊爾（策劃者）的風險管理和應急計畫下，艾德（開創者）負責指揮全隊進行最後的衝刺，確保進度按時完成。凱文（改革者）和約翰（支援者）協作解決技術問題，通過技術優化來應對供應鏈的挑戰。蘇菲（推廣者）專注於與外部利益相關者保持良好溝通，提升團隊士氣，並確保市場推廣工作同步進行。由凱特（整合者）協調整體資源，確保供應商和物流能夠準時交付所需物料。

場景五：產品發布後的反思與改進

・**場景描述：**隨著產品成功發布，但團隊發現一些細節仍有改進空間，並收到了初期用戶的反饋。團隊需要總結經驗教訓，為下一個產品做好準備。

・**思考問題：**如何根據產品發布後的反饋進行改進，並為未來的項目積累經驗？

莉安（分析者）詳細分析了產品質量數據，提出了改進建議。

邁克（策略者）結合市場反饋，提出了下一代產品的戰略方向。

凱特（整合者）協調各部門的總結會議，確保所有經驗教訓被記錄在案。

- **執行模式：**在凱特（整合者）的組織和協調下，團隊舉行了一次全面的回顧會議。會議中，莉安（分析者）詳細分析了產品質量數據，並提供具體的改進建議。邁克（策略者）根據市場反饋提出了下一代產品的戰略方向，確保產品更符合市場需求和未來趨勢。凱特（整合者）負責確保各部門的經驗教訓被系統性記錄，並確定未來項目的改進計畫。最終，所有反饋和數據被整合成一份詳細報告，作為未來產品開發和戰略決策的參考依據。

Chapter24

卓越團隊合作的實際應用案例

團隊合作案例（1）：全面提升客戶體驗與推動服務創新

背景：一間大型零售企業希望透過提升客戶體驗和創新服務，來增加客戶的忠誠度與滿意度。因此，公司成立了一個專案小組，專注於實施客戶體驗提升與服務創新的相關計畫。

團隊成員與職責：

・黑色人（開創者）

職位：客戶體驗總監。

特徵：果斷、直接、導向高度目標導向。

職場角色：領導客戶體驗團隊，制定提升客戶體驗的目標和策略。

・紅色人（推廣者）

職位：服務創新經理。

特徵：外向、善於溝通、富有感染力。

職場角色：負責服務創新的設計和推廣，提升品牌知名度和客戶滿意度。

・**綠色人（支援者）**

職位：客戶協調員。

特徵：耐心、忠誠、可靠，重視穩定與和諧。

職場角色：負責客戶服務的協調和推進，確保服務計畫順利進行。

・**藍色人（分析者）**

職位：客戶數據分析師。

特徵：邏輯細密、嚴謹、分析能力強。

職場角色：負責客戶反饋數據的分析和評估，找出服務創新的機會並提出建議。

・**黑紅色人（推動者）**

職位：服務總監。

特徵：結合了黑色人的果斷和紅色人的感染力，勇於挑戰和推動變革。

職場角色：負責服務創新方案的設計和推進，確保服務創新符合市場需求。

・**黑綠色人（整合者）**

職位：資源管理經理。

特徵：結合了黑色人的目標導向和綠色人的穩定性，擅長整合資源和人員。

職場角色：負責協調資源分配以及在客戶體驗提升過程中的各項協調工作，確保資源的有效利用。

・**紅綠色人（協調者）**

職位：客戶關係經理。

特徵：結合了紅色人的社交能力和綠色人的支援性，擅長處理人際關係與協調事務。

職場角色：負責收集和反饋客戶意見，確保客戶體驗提升計畫能夠得到廣泛支持。

・**紅藍色人（策略者）**

職位：客戶策略顧問。

特徵：結合了紅色人的影響力和藍色人的分析能力，能夠提供長期、具體的策略。

職場角色：負責制定提升客戶體驗和服務創新的長期策略，確保計畫的可行性和前瞻性。

・**黑藍色人（改革者）**

職位：服務改進專案經理。

特徵：結合了黑色人的執行力和藍色人的嚴謹性，善於推動服務變革。

職場角色：負責設計和實施具體的服務創新方案，確保服務改進計畫能夠有效進行。

・**綠藍色人（策劃者）**

職位：計畫控制員。

特徵：結合了綠色人的穩定性與藍色人的精細度，擅長詳細規劃與控制進度。

職場角色：負責規劃詳細的客戶體驗提升計畫，並監控每一階段的進度，確保計畫順利推進。

團隊合作模式表

階段	負責人	工作內容
1. 客戶回饋分析與服務創新目標制定	藍色人（分析者）	對客戶反饋數據進行詳細分析，找出服務創新的機會並提出建議。
	黑色人（開創者）	制定提升客戶體驗和服務創新的目標和策略，確保計畫符合企業需求。
2. 服務創新設計與內部推廣	黑藍色人（改革者）	設計具體的服務創新方案，確保新服務高效運行。
	紅色人（推廣者）	負責服務創新的設計和推廣，提升品牌知名度和客戶滿意度。
3. 資源整合與計畫實施	黑綠色人（整合者）	負責資源調配和協調，確保資源有效利用。
	綠藍色人（策劃者）	制定詳細的客戶體驗提升計畫，並監控每個階段的進展。
4. 執行過程與持續改進	黑紅色人（推動者）	負責服務創新方案的執行，確保服務創新符合市場需求。
	紅綠色人（協調者）	收集客戶意見和反饋，確保服務創新措施得到廣泛支持。
	紅藍色人（策略者）	提供長期客戶體驗策略，確保企業未來持續改進。

1. 客戶回饋分析與創新目標制定：由藍色性格的分析者負責深入分析客戶回饋數據，找出可行的服務創新機會，並提出具體建議。而黑色性格的開創者則制定提升客戶體驗的長期目標與具體策略，確保計畫能夠符合企業需求並富有前瞻性。

2. 服務創新設計與內部推廣：黑藍色的改革者負責設計具體的服務創新方案，確保新服務能夠高效執行。而紅色的推廣者專注於服務創新的內部推廣，提升品牌知名度與客戶滿意度。

3. 資源整合與計畫實施：黑綠色的整合者負責資源的協調與分配，確保在實施過程中資源得到有效運用。綠藍色的策劃者則負責制定詳細的計畫，並監控每個階段的進展，確保計畫按預期推進。

4. 執行過程與持續改進：由黑紅色的推動者負責服務創新方案的執行，確保服務創新符合市場需求。紅綠色的協調者負責持續收集客戶意見和回饋，確保創新能夠得到客戶的支持。而紅藍色的策略者則提供長期的客戶關係策略，確保服務創新計畫能夠順利推進，並持續優化。

高效組織合作的成功關鍵

在這個團隊合作模式的案例中，透過有效的分工和清楚的角色設定，企業成功提升了客戶體驗並推動了服務創新。每位團隊成員依據其性格特質與專業能力，分別負責不同的階段和工作，從客戶回饋分析、服務創新推廣到資源整合與實施，整個流程規劃得精確且有序。

這支團隊結合了分析、創新、協調與執行等不同的特長，確保專案的每個階段都順利推進，並能靈活應對市場變化與挑戰。這樣的合作模式不僅能有效運用資源，還能在實施過程中持續改進，進一步提升客戶滿意度與品牌忠誠度。

整題而言，成功的團隊合作來自於清晰的責任分配、靈活的資源管理以及持續的改善計畫。這不僅促進了專案的高效推動，更為企業的長期發展奠定了穩固的基礎。

團隊合作案例（2）：推動研發創新與實現技術突破

背景：一家公司希望透過研發創新和技術突破來保持在市場中的競爭優勢。為此，公司成立了一個專案小組，專注於研發創新和技術突破的實施。

團隊成員與職責：

・黑綠色人（整合者）

職位：研發總監。

特徵：結合了黑色性格的目標導向和綠色性格的穩定性。

職場角色：負責領導研發團隊，制定研發創新的目標與策略，確保專案順利推進。

・**紅藍色人（策略者）**

職位：技術顧問。

特徵：結合了紅色的影響力與藍色的分析能力。

職場角色：提供長期的技術創新策略，確保企業在市場上的競爭力。

・**黑紅色人（推動者）**

職位：研發經理。

特徵：結合了黑色的果斷和紅色的活力。

職場角色：負責研發創新方案的設計與推進，確保技術創新符合市場需求。

・**紅綠色人（協調者）**

職位：客戶關係經理。

特徵：結合了紅色的影響力和綠色的協調力。

職場角色：專注於收集客戶回饋和反應，確保研發創新契合市場需求。

・**藍色人（分析者）**

職位：技術專家。

特徵：邏輯嚴謹，擁有優秀的分析能力。

職場角色：負責技術問題的解決與應用，確保產品在性能上的卓越表現。

團隊合作模式表

階段	負責人	工作內容
1.市場調研與技術策略規劃	紅藍色人（策略者）	提供市場分析和技術創新策略，為研發創新提供戰略支持。
	藍色人（分析者）	分析技術數據，找出技術瓶頸並提出改進建議。
2.研發協調與技術突破	黑綠色人（整合者）	協調研發團隊成員，確保項目順利推進。
	藍色人（分析者）	解決技術難題，確保產品性能優越。
3.產品設計與資源整合	黑紅色人（推動者）	設計具體的技術創新方案，確保新技術高效運行。
	黑綠色人（整合者）	負責資源調配，確保資源有效利用。
4.市場推廣與客戶反饋管理	紅綠色人（協調者）	收集客戶需求和反饋，確保研發創新符合市場需求。
5.長期規劃與持續改進	紅藍色人（策略者）	提供長期技術創新策略，確保企業未來持續改進。

1. 市場調研與技術策略規劃：

由紅藍色性格的策略者負責進行市場調查和技術趨勢分析，提供有深度的市場見解，為研發創新制定出具前瞻性的戰略方向。藍色性格的分析者則負責技術數據的詳細分析，找出技術瓶頸和創新機會，並提出具體的改進建議。

2. 研發協調與技術突破：

黑綠色性格的整合者負責團隊內外的協調工作，確保各部門之間的溝通順暢，讓技術研發過程順利推進。藍色性格的分析者則專注於技術細節的突破，解決研發中出現的技術難題，確保技術性能達到行業領先水平。

3. 產品設計與資源整合：

黑紅色性格的推動者負責設計具體的技術創新方案，將技術創新轉化為具體的產品設計，確保產品能迅速進入市場。同時，黑綠色性格的整合者則協調企業內部和外部的資源，確保資源的高效運用，支持創新項目的順利實施。

4. 市場推廣與客戶反饋管理：

紅綠色性格的協調者負責統籌市場推廣工作，確保產品和技術創新在市場上的有效推廣，同時持續收集客戶的反饋，確保產品調整能夠符合客戶需求。

5. 長期規劃與持續改進：

紅藍色性格的策略者負責公司技術創新的長期規劃，確保企業在技術方面持續保持競爭力，並根據市場需求和技術發展進行不斷的優化。這確保了企業的長期穩定成長與競爭優勢的持續提升。

高效組織合作的成功關鍵

在這個團隊合作模式的案例中，企業透過明確的分工與角色設定，成功推動了研發創新和技術突破。每位團隊成員依據其獨特的性格特質和專業能力，負責不同的階段與任務，從市場調查、技術策略規劃，到產品設計、資源整合與執行，每個環節都經過精細的規劃，確保專案順利進行。

這個團隊結合了策略分析、技術創新、協調與資源管理等不同的專長，確保研發創新與市場需求無縫對接。團隊能靈活應對技術挑戰與市場變化，確保每個階段的進展都符合企業長期發展的目標。透過協同合作和持續改進，團隊不僅提升了產品的技術含量，也確保了市場競爭力。

整體而言，成功的團隊合作來自於清晰的責任分配、靈活的資源運用，以及持續優化的執行計畫。這種合作模式不僅有效提升了團隊的運作效率，也為企業未來的長期發展奠定了穩固的基礎。

團隊合作案例（3）：社會責任研發計畫與社區參與推動

團隊成員與職責：

‧黑綠色人（整合者）

職位：研發總監。

特徵：結合黑色性格的目標導向和綠色性格的穩定性。

職場角色：負責領導研發團隊，規劃研發創新的目標和策略，確保專案順利進行。

・**黑藍色人（改革者）**

職位：社會責任總監。

特徵：融合黑色性格的創新精神與藍色性格的嚴謹分析。

職場角色：負責社會責任團隊，制定並推動社會責任計畫與策略，促進創新和變革。

・**綠藍色人（策劃者）**

職位：計畫控管員。

特徵：結合綠色性格的穩定性與藍色性格的精確性。

職場角色：負責制定詳細的社會責任計畫，追蹤專案進度，確保計畫依據預定進度推行。

・**黑紅色人（推動者）**

職位：執行經理。

特徵：具備黑色性格的果斷和紅色性格的熱情與勇氣。

職場角色：負責執行社會責任計畫，確保計畫有效落實並產生實質影響。

・**黑色人（開創者）**

職位：項目總監。

特徵：目標明確、決策迅速，具備強大領導力。

職場角色：帶領專案團隊，確保社會責任計畫的各項目標和策略順利執行。

・**綠色人（支援者）**

職位：社區協調員。

特徵：忠誠可靠，重視團隊合作。

職場角色：負責與社區團體的溝通和協調，確保社區參與活動順利進行。

團隊合作模式表

階段	負責人	工作內容
1.社會責任目標制定與策略設計	黑藍色人（改革者）	制定社會責任計畫和策略，推動創新和改進。
	黑色人（開創者）	制定社會責任目標，確保計畫符合企業需求。
2.計畫制定與資源整合	綠藍色人（策劃者）	制訂詳細的社會責任計畫，並監控每個階段的進展。
	黑紅色人（推動者）	確保資源有效整合和利用，推動計畫的執行。
3.執行過程與社區參與	黑紅色人（推動者）	負責社會責任計畫的執行，確保計畫按時有效地落實。
	綠色人（支援者）	協調社區關係，促進社區參與和合作。
4.長期規劃與持續改進	黑藍色人（改革者）	持續監控和改進社會責任計畫，確保企業和社區的長期發展。

1. 社會責任目標制定與策略設計

由黑藍色性格的改革者負責制定社會責任計畫的策略，結合創新精神和嚴謹的分析來推動創新，並確保方案具有長期的可行性。同時，黑色性格的開創者負責確認社會責任的長期目標，確保計畫與企業的需求相符，並能引領企業走向未來的發展。

2. 計畫制定與資源整合

綠藍色性格的策劃者負責制定詳細的社會責任計畫，並監控每個階段的進度，確保所有工作按步驟推進。而黑紅色性格的推動者則專注於確保資源的最佳整合與運用，推動計畫的實際執行。

3. 執行過程與社區參與

黑紅色性格的推動者負責具體的計畫執行，確保計畫能夠如期落實於社區中，並帶動當地的實際變革。綠色性格的支援者則負責促進社區參與，協調社區各方之間的合作，確保計畫得到充分的支持。

4. 長期規劃與持續改進

黑藍色性格的改革者負責計畫的持續優化與改進，並定期監控進展，確保計畫能夠符合企業的社會責任目標，同時推動企業和社區的長期發展。

高效組織合作的成功關鍵

在這個研發社會責任計畫與社區參與的案例中，透過明確的角色分配與精確的職責劃分，企業有效推動了社會責任專案的執行。每位團隊成員依據其性格特質與專業技能，分別負責不同的階段與工作，從策略制定、資源整合到社區參與與持續改進，整體運作精確且順暢。

這個團隊結合了策劃、執行、協調與分析等多方面的能力，確保每個階段都能順利進行，並靈活應對社會責任專案中的挑戰。這樣的合作模式不僅提高了資源利用的效率，也在執行過程中不斷優化，進一步促進社區發展與企業品牌形象的提升。

總而言之，成功的團隊合作來自於明確的責任分工、靈活的資源管理及不斷改進的執行策略。這不僅確保了專案的有效推動，也為企業的長期發展和社區的共同進步打下了穩固的基礎。

卓越團隊合作在企業管理中的應用情境

卓越的團隊合作是企業實現持續成長和成功的關鍵因素之一。透過不同部門的合作與分工，企業能夠在競爭激烈的市場中保持優勢。以下將列出各部門如何應用卓越的團隊合作模式，包括生產部門、銷售部門、人力資源部門、財務部門、資訊技術部門以及研發部門等，進一步優化企業管理和提升競爭力。通過清晰的責任分工、靈活的資源管理與持續的改進計畫，企業將能夠有效推動各項業務發展，實現整體的卓越表現。

部門應用情境總覽

1. **生產部門應用情境：**

- 生產流程優化與自動化改進
- 品質管理提升與檢測標準制定
- 生產設備更新與製造技術革新
- 供應鏈管理優化與庫存控制
- 環保生產與綠色製造推進

2. **銷售部門應用情境：**

- 新市場開拓與銷售策略制定
- 品牌重塑與市場再定位
- 客戶需求分析與產品定制化
- 銷售團隊培訓與激勵機制
- 數字化營銷與電子商務平台拓展

3. **人力資源部門應用情境：**

- 員工培訓與技能提升
- 內部溝通優化與員工參與度提高
- 人才招聘與選拔策略制定
- 績效管理與員工激勵機制
- 企業文化建設與員工滿意度提升
- 員工健康與福利計畫

4. **財務部門應用情境：**

- 財務管理優化與成本控制

- 資本運營與投資管理
- 預算管理與財務規劃
- 風險管理與內控體系建設
- 財務數據分析與報表管理
- 稅務規劃與合規管理

5. 資訊技術部門應用情境：

- IT 系統升級與數位轉型
- 資訊安全管理與數據保護
- 企業資源計畫（ERP）系統實施
- 客戶關係管理（CRM）系統優化
- 雲計算與大數據應用
- 企業移動化與應用開發

6. 永續發展（ESG）部門應用情境：

- 綠色能源轉型與碳排放減少
- 環保措施與可持續生產
- 社會責任計畫與社區參與
- 企業治理與合規管理
- 永續供應鏈管理
- 員工健康與安全管理

7. 研發部門應用情境：

- 研發創新與技術突破
- 產品研發流程優化

- 跨部門合作與研發資源整合
- 知識管理與研發成果轉化
- 研發團隊建設與激勵
- 市場導向的研發策略制定

通過跨部門的協作和資源共享，每個部門都能夠在卓越的團隊合作模式下發揮最大效能，提升企業整體的競爭力。這些應用情境展示了卓越團隊合作如何在不同的業務領域中起到關鍵作用，促進了企業的長期成功與持續發展。

Part 6

性格對立與協作：化解衝突的關鍵策略

創新與穩定之間的拉鋸戰

在一家快速成長的科技公司中，創辦人李奧是一位典型的黑色人（開創者）。他充滿創意和熱情，總是渴望引領公司進入新的市場，推動新產品的快速開發。李奧相信，只有通過快速行動和持續創新，才能在競爭激烈的市場中占據領先地位。

然而，公司的營運總監莎拉則是一位典型的綠色人（支援者）。她非常擅長維持公司運作的穩定，確保每個環節都運作順暢，避免過大的風險。莎拉對於公司內部流程和資源的保護有著強烈的責任感，並認為過度冒險可能會損害公司的長期穩定性。

最近，李奧提出了一個大膽的計畫，打算在三個月內推出一款新產品，並迅速進入一個全新的國際市場。這一決策讓莎拉感到非常擔憂，因為她認為公司的資源尚未準備充分，而且許多細節問題還沒有被解決，例如供應鏈是否穩定、內部人員是否具備足夠的能力來應對突如其來的市場需求等。

李奧認為機會稍縱即逝，如果不在第一時間推出新產品，競爭對手可能會搶占市場先機。他不斷強調創新和速度的重要性，而莎拉則反覆強調穩定運營的關鍵。

雙方的會議過程越來越緊張。李奧坐在桌邊，手指輕敲桌面，顯示出他急於行動的心情。「如果我們不快點推出這個新產品，市場機會就會被其他人搶走。」他的語氣中充滿了急迫感和對創新突破的渴望。

莎拉則保持著冷靜，眉頭微皺。「李奧，我理解你的想法，但我們的團隊還沒有準備好。供應鏈還在調整階段，員工也需要更多的時間去適應這個變動。如果現在就冒然行動，我們可能會面臨更多的問題。」

李奧並不打算退讓，直接回應：「沒有風險就沒有成長！如果我們永遠只停留在穩定的狀態，公司就會錯過每一次成長的機會！」

莎拉搖了搖頭，語調柔和卻堅定：「風險可以承擔，但如果我們的基礎不穩，風險將會變成危機。你知道我們的供應商最近的狀況不太穩定，如果出現供應延誤，整個計畫可能都會受到影響。」

這時，兩人的分歧更加明顯了。李奧是個天生的開創者，他總是關注前方的機會，不願在細節上浪費太多時間；而莎拉則是典型的支援者，習慣於穩妥行事，確保公司每一個步驟都在她的掌控之中。

隨著討論的推進，雙方的情緒也在升溫。李奧覺得莎拉的拖延和猶豫不決是在阻礙公司的發展，而莎拉則認為李奧的衝動可能會讓公司陷入不必要的風險。會議室內的沉默越來越長，衝突逐漸醞釀著……

在工作或團隊合作中，每個性格類型都有其獨特的特質和行事方式，這些特質在促進個人和團隊成功方面發揮著重要作用。然而，這些性格類型也常常會與其相反的性格類型產生衝突。這些衝突通常源於他們在行事方式、價值觀和重點上的差異。當這些相對立的性格相遇時，雙方可能會因為彼此的工作風格不一致而感到不安或沮喪。然而，理解並尊重彼此的優勢與需求，並找到相互合作的平衡點，可以將衝突轉化為協作的力量，幫助團隊更有效地運作。

Chapter25

當開創者遇到支援者：黑色人 vs 綠色人

黑色人（開創者）和綠色人（支援者）之間的衝突，主要來自於他們在工作目標和行事風格上的差異。黑色人喜歡創新，勇於突破，並且重視速度與結果。相對地，綠色人重視穩定，偏向維持現狀，並且避免風險。他們在工作中的衝突往往因為開創者不太在意細節，而支援者則非常關注細節並強調穩定。

首先，黑色人喜歡快速推進項目，傾向於忽略過程中的細節，因為他們相信行動過程中可以逐步調整。而綠色人則習慣於反覆檢查，確保每一步都穩妥無誤，這樣的細節考量會讓開創者覺得進展緩慢。因此，雙方經常在推動變革的節奏上產生矛盾。

其次，黑色人專注於目標和結果，他們經常不太顧及人際關係的維護，並且認為只要達成成功，其他事情都是次要的。而綠色人則偏向於關心團隊的和諧與協作，傾向於在推進工作時顧及每個人的感受。這樣的不同導致黑色人可能會因為追求快速結果，而無意中忽略了團隊成員的意見，從而引發綠色人的不滿。

此外，開創者有很強的冒險精神，樂於接受挑戰和風險，並且認為突破性的創新是成功的關鍵。而支援者則更加保守，偏向於選擇低風險的策略，避免任何可能破壞穩定的情況。他們之間的衝突往往來自於對風險的不同看法：開創者想要快速行動，而支援者則會對冒險感到不安，認為這樣的行動會對團隊或公司帶來潛在威脅。

黑色人經常希望進行變革，認為不斷突破和改變是企業成長的關鍵。他們不喜歡停滯或保持現狀，總是尋找新的機會來創造進步。而綠色人則認為穩定是最重要的，他們更傾向於維持現有的成功模式，避免過度頻繁的變革。這種對變革和穩定的看法差異，可能導致兩人在決策和行動上產生矛盾。

要解決這樣的衝突，雙方需要互相尊重彼此的需求與優勢。黑色人應該理解綠色人對穩定和細節的重視，並在推動創新時考慮這些因素，以確保計畫不會失控。綠色人則需要認識到冒險和創新是企業發展不可避免的部分，學會接受一些風險和變革，並在支持創新上扮演更積極的角色。

此外，建立清晰的溝通機制對於解決衝突也非常重要。當黑色人和綠色人在進行項目時，應該定期溝通，讓雙方可以表達各自的需求和擔憂。這樣可以避免誤解和衝突的累積，確保計畫既能創新，又不會對穩定性構成過大的威脅。

雙方還可以設立一個漸進式的變革步驟，讓綠色人有時間適應變化，並且能夠在每個階段進行調整和優化。這樣可以降低支援者對變革的恐懼，同時讓開創者能夠逐步實現創新目標，而不會過於急躁。

總結來說，黑色人和綠色人之間的合作，應該在尊重彼此需求、清晰溝通和共同制定計畫的基礎上進行。通過平衡創新和穩定，兩者可以相輔相成，共同推動企業的成功。

Chapter26

當推廣者遇到分析者：紅色人 vs 藍色人

紅色人（推廣者）和藍色人（分析者）之間的衝突，主要源於他們在工作風格和優先事項上的根本差異。紅色人是一群熱情、外向且行動迅速的人，他們喜歡與他人互動，並且重視即時反應。他們往往會在沒有太多準備或數據支持的情況下迅速行動，認為快速進入市場或推動項目是成功的關鍵。相反，藍色人則非常理性和謹慎，習慣於仔細分析每一個細節和數據，重視邏輯推理和準確性，傾向於在充分準備後再行動。

首先，紅色人喜歡在社交場合中表現自己，他們在推廣新產品或新項目時，經常依賴直覺和社交能力，快速吸引別人的注意。他們更重視即時的反饋和市場的快速回應，認為抓住機會比深入分析更重要。相對地，藍色人不太擅長快速反應和外向表現，他們更喜歡花時間進行細緻的分析，並且會對數據的準確性和可靠性提出高要求。這樣的風格差異經常導致紅色人覺得藍色人過於緩慢，而藍色人則認為紅色人行事草率、缺乏深思熟慮。

其次，紅色人通常對長時間的數據分析感到不耐煩，他們希望在最短時間內看到行動的結果，並且會優先考慮行動的速度和效果。而藍色人對結果的看法更加理性，他們認為任何行動都應建立在嚴格的數據分析和充分的研究基礎上。這使得紅色人在面對藍色人時，經常感到對方的步調太慢，而藍色人則會對紅色人的快速行動感到不安，認為缺乏計畫的行為可能導致風險或失敗。

另外，紅色人關注的是人際關係和影響力，他們認為與人建立關係、展現熱情和感染力是工作成功的關鍵。因此，他們往往不會花太多時間在細節上，而是更專注於如何吸引別人的注意。藍色人則相反，他們更關注數據和細節，認為問題的核心在於邏輯和事實。這種人際互動與數據分析的不同導向，導致兩者在面對問題時的解決方法和優先順序出現分歧。

為了解決這樣的衝突，紅色人需要學會尊重藍色人對數據和邏輯的重視。他們可以在決策前向藍色人尋求數據支持，讓藍色人有機會提供詳細的分析，這樣可以減少紅色人在快速行動中的風險。同時，藍色人也可以從紅色人身上學習如何提升自己的社交和推廣能力，理解市場即時反應的重要性，並嘗試接受紅色人的快速行動方式。

有效的溝通是解決這類衝突的關鍵。紅色人和藍色人在討論問題時，應該定期進行交流，讓雙方都能表達自己的意見。紅色人可以分享他們對快速行動和抓住機會的看法，而藍色人則可以提供數據和風險分析。這樣的溝通過程可以幫助紅色人理解數據的重要性，並幫助藍色人接受即時行動的必要性。

此外，紅色人可以與藍色人協商一個折衷方案，在推廣活動中加入更多的數據分析和風險評估，這樣既可以保持紅色人的行動速度，又能滿足藍色人對準確性的需求。雙方可以設定一些共同的階段性目標，讓紅色人在推廣之前得到藍色人的支持，而藍色人也能在推廣過程中看到實際效果。

總結來說，紅色人和藍色人需要學會互相尊重彼此的優勢，並且通過溝通和合作來彌補彼此的短處。紅色人可以在行動前多依賴藍色人的數據支持，讓決策更加穩健，而藍色人也可以嘗試從紅色人的社交能力中學習，提升對外的溝通和推廣能力。通過這樣的相輔相成，雙方可以達到更好的合作效果。

Chapter27

當推動者遇到策劃者：黑紅色人 vs 綠藍色人

黑紅色人（推動者）和綠藍色人（策劃者）之間的衝突，主要體現在他們對行動速度、計畫細節以及實施方式的差異上。黑紅色人是果斷且行動力強的人，注重效率，喜歡快速推動項目進展。他們傾向於在決策後立即執行，認為行動比過多的計畫更能帶來成果。而綠藍色人則重視穩定和細緻的規劃，他們習慣於在行動前詳細制定計畫，並且更注重風險的控制和過程的每個步驟。

首先，黑紅色人（推動者）往往有著強烈的目標導向，認為完成任務的關鍵在於快速行動。他們有強大的推進力，喜歡看到即時的結果，對於過多的討論和計畫往往感到不耐煩。他們相信，行動中的修正比花時間在事前詳細計畫要有效得多。相對地，綠藍色人（策劃者）則習慣於事前的周密思考和精確的計畫制定。他們相信，只有在充分的準備和細緻的計畫下，才能有效避免風險並達到長遠的成功。他們會對過於急促的行動感到不安，認為這可能導致錯誤或損失。

其次，黑紅色人傾向於在面對不確定性時仍果斷行動，並相信只要開始行動，問題會隨著過程自然而然地解決。而綠藍色人則會更加謹慎，他們喜歡評估每一個可能的風險，並在確保每個細節都考慮周全後才進行行動。他們可能認為推動者的行為過於衝動，缺乏穩妥的策略，而推動者則認為策劃者過於猶豫，導致行動速度過慢，錯失了重要的機會。

再者，黑紅色人看重的是短期內的行動和快速的進展，他們傾向於跳過一些步驟，並在行動過程中不斷修正方向。而綠藍色人則強調長期規劃和穩定發展，認為所有的步驟都需要準備到位才能開始行動。他們的這種行事方式容易讓推動者覺得進展緩慢，無法滿足快速達成目標的需求。

為了解決這樣的衝突，黑紅色人需要學會理解綠藍色人對計畫和風險控制的重視。他們應該在快速推進項目之前，留出時間與策劃者討論計畫的細節，讓策劃者有機會進行必要的風險評估和準備工作。這樣可以避免項目在推動過程中因缺乏計畫而出現問題。同時，綠藍色人也可以學習推動者的果斷和行動力，理解快速行動有時是抓住機會的關鍵，並嘗試在合理範圍內加快行動步伐。

有效的合作方式可以是在項目推動過程中制定一個結合兩者風格的計畫。推動者可以先提出總體目標和時間表，策劃者則可以針對這些目標制定詳細的執行步驟和風險控制措施。雙方可以分階段進行工作，讓推動者保持行動的節奏，同時策劃者也能確保計畫的每一步都穩定執行。

另一個解決衝突的策略是建立定期的反饋機制，讓雙方可以在項目進展中互相反饋。推動者可以向策劃者反饋行動過程中的挑戰，並讓策劃者提供新的調整建議，而策劃者則可以監控進度，確保行動不會因忽略風險而出現重大問題。

總結來說，黑紅色人和綠藍色人在合作時，應該學會尊重彼此的行事風格，推動者應在行動前多些耐心，理解策劃者的需求，而策劃者則應嘗試加快步伐，適應推動者的速度。通過相互補充，兩者可以達到更高效的合作效果。推動者的行動力結合策劃者的周密計畫，將使項目在快速推進的同時避免過多的風險，實現穩定的長期發展。

Chapter28

當整合者遇到策略者：黑綠色人vs紅藍色人

黑綠色人（整合者）和紅藍色人（策略者）之間的衝突，主要來自於他們在資源管理、行動方式以及對創新和穩定的看法上的差異。黑綠色人（整合者）強調協調和資源整合，善於利用現有資源來實現組織目標，並在過程中平衡各方需求。他們重視穩定與合作，常常避免冒險行為以確保計畫的順利推進。而紅藍色人（策略者）則更具創新精神，擅長設計長期戰略和創新方案，喜歡運用創意和邏輯來解決問題，並以長遠規劃為導向，追求突破和變革。

首先，黑綠色人是資源管理和協調方面的專家，他們擅長在團隊和項目中整合各方資源，確保每個環節都能協同工作，從而達到整體目標。他們關注的是團隊內外的協作，善於平衡各方的利益，並確保每個人的需求都被考慮到。在這樣的工作風格下，他們更加注重穩定性，並且對於過於激進的變革或風險行動持保守態度。相反，紅藍色人專注於創新和長遠規劃，善於思考大局並制定戰略方向。他們喜歡以新的方法解決問題，對於改變現有系統的需求感到敏銳，並傾向於不斷尋求突破，認為這樣可以帶來長期的成功。

這樣的差異導致他們在工作中經常有不同的看法。黑綠色人喜歡在現有的框架和資源內工作，認為穩定的運作和持續的協作比頻繁的變革更為重要。因此，他們對於需要冒險或大量資源調動的創新計畫會保持謹慎態度，避免對現有的平衡構成威脅。而紅藍色人則對於維持現狀感到不滿，認為只有不斷創新和變革，才能實現真正的長期發展。因此，他們經常推動新的戰略或規劃，可能會忽略整合者對現有資源的保護和對穩定性的需求。

此外，黑綠色人更關注的是如何在現有資源的基礎上實現最大效益，因此他們更傾向於在變革和創新之前，確保資源得到充分協調和利用。而紅藍色人則更願意打破這種資源分配的限制，認為如果不進行創新，就可能錯失發展的機會。他們的這種創新導向經常讓整合者感到焦慮，擔心創新會帶來過大的風險或破壞已有的協作機制。

要解決這種衝突，黑綠色人需要學會理解紅藍色人的創新精神，並認識到適度的變革和創新對於組織長期發展的必要性。他們可以嘗試在資源整合的過程中為創新留出空間，讓紅藍色人能夠推動他們的創新計畫，而不至於打破整體的平衡。同時，紅藍色人也應該理解整合者對資源協調和穩定的重視，並在制定創新戰略時考慮到資源的現狀與實際可行性。這樣可以減少過於激進的變革帶來的風險，同時保持穩定的推進。

有效的解決方案是結合紅藍色人的創新思維與黑綠色人的協調能力。紅藍色人可以提出長期的戰略方向，並制定創新計畫，而黑綠色人則可以負責資源整合和協調，確保在推進創新時不會過度影響組織的穩定性。這樣的合作模式可以讓創新和穩定同時存在，讓組織在實現長期目標的同時，也能有效利用現有資源並保持內部的協調。

另一個解決衝突的方式是建立一個共同的目標框架，讓整合者和策略者在此框架內進行合作。紅藍色人可以制定創新目標，並在此基礎上讓整合者設計資源分配計畫，確保創新過程中資源的合理利用。這樣可以在不破壞現有協作關係的基礎上，實現創新的推動與資源的高效運作。

總結來說，黑綠色人和紅藍色人之間的合作，應基於對彼此優勢的互補。整合者可以在創新過程中發揮協調資源的作用，確保創新的可行性和穩定性，而策略者則可以提供創新的視角和長期戰略，促使組織不斷進步。通過這樣的合作，組織能夠在資源整合與創新推進的雙重支持下實現更大的成功。

Chapter29

當協調者遇到改革者：紅綠色人 vs 黑藍色人

紅綠色人（協調者）和黑藍色人（改革者）之間的衝突，主要源於他們對變革和穩定的不同看法，以及在團隊合作中所重視的因素上的差異。紅綠色人擅長協調多方需求，強調團隊內的和諧與合作，他們傾向於平衡各方利益，避免衝突，並促進團隊的穩定運作。相對的，黑藍色人則專注於改變現狀，推動變革，並且對任何可能促進進步的挑戰都充滿熱情。改革者往往會不惜打破現有的平衡，以促進創新和進步，這可能會與協調者的穩定需求產生衝突。

首先，紅綠色人（協調者）以維護團隊和諧為首要任務。他們善於平衡團隊成員之間的不同意見，確保每個人的需求都能得到滿足，從而促進合作和高效工作。他們習慣於用溝通和妥協來解決問題，並不喜歡冒險或激進的變革，因為這可能打破現有的平衡，導致團隊出現內部衝突。相比之下，黑藍色人（改革者）不會滿足於現狀，他們對現有的體系經常感到不滿，並且始終在尋找改進和創新的機會。他們認為變革是進步的必要條件，願意打破現有的平衡，以促進更大的成功。

其次，協調者重視團隊中的人際關係，他們認為團隊合作的和諧與每個成員的滿足感對成功至關重要。因此，他們傾向於避免做出可能引發衝突或爭議的決定，對於變革的步調也會非常謹慎，總是希望在保證穩定的前提下逐步推進。而改革者則以結果為導向，他們更關心如何實現長遠的變革目標，而不會過多關注過程中可能產生的短期衝突。他們認為，改變現狀是必然的，甚至是必要的，即便在過程中會犧牲一部分的穩定性或團隊和諧。

這樣的分歧經常導致協調者和改革者在如何推動項目或改進工作流程上產生矛盾。協調者往往會認為改革者的行動過於激進，擔心這樣的變革會破壞團隊的穩定運作和整體氛圍。而改革者則覺得協調者的步伐太慢，過於顧忌團隊內部的各方需求，從而限制了變革的速度和力度。

為了解決這樣的衝突，紅綠色人需要學會理解黑藍色人推動變革的動機，並嘗試在團隊和諧與變革之間找到平衡。他們可以考慮在推進變革的過程中，設計一些緩衝期或過渡階段，讓改革者的創新方案可以在穩定的環境中逐步實施，而不至於引發太大的反彈。同時，黑藍色人也需要學會尊重協調者對團隊穩定的需求，並明白並非所有變革都需要迅速進行。他們可以通過溝通讓協調者了解變革的長遠目標和潛在收益，從而獲得協調者的支持，並在推動變革的過程中更加注重與團隊的協作。

有效的解決方式是讓協調者和改革者找到一個共同的目標，既能滿足變革的需求，又能確保團隊內部的穩定性。協調者可以在變革的過程中扮演支持者的角色，確保團隊成員之間的溝通順暢，減少變革帶來的摩擦，而改革者則可以在變革的推動中更多考慮到團隊的接受能力，逐步推進變革計畫。

此外，建立一個階段性目標的制度，可以幫助兩者找到合作的平衡點。改革者可以制定長期的變革目標，而協調者則可以根據團隊的需求和接受能力，設計出一個逐步實施的計畫，讓變革能夠在不影響團隊穩定的情況下進行。這樣，雙方都能在變革過程中發揮自己的強項，達到合作的最佳效果。

總結來說，紅綠色人和黑藍色人之間的合作，應該基於彼此對穩定和變革的理解與尊重。協調者需要接受變革的不可避免性，並在此過程中確保團隊的和諧；而改革者則應該學會在推動變革時更加注重穩定性，並與協調者合作，找到推動變革的最佳方式。通過這樣的合作，變革和穩定可以相輔相成，促進團隊的長期發展和成功。

總結

這些性格類型之間的衝突主要源於他們的行事風格、價值觀以及工作重點的不同。每一類型在團隊中都擁有獨特的優勢，但當面對與其性格相反的類型時，往往容易產生分歧。開創者可能與支援者因創新與穩定的矛盾而產生摩擦，推廣者與分析者在行動速度與數據精確性上存在分歧，而推動者則可能與策劃者在效率與細緻規劃上不一致。這些衝突本質上反映了性格之間的差異，但這些差異也是團隊運作的動力源泉。

要解決這些衝突，最關鍵的是雙方能夠理解並尊重彼此的需求。每一個性格類型都有其不可替代的價值：開創者的創新推動了變革，支援者的穩定保障了流程的順利進行；推廣者的活力帶來了機遇，分析者的細心確保了風險的可控；推動者的行動力推進了項目的進度，策劃者的周密計畫則提供了堅實的基礎。這些看似矛盾的特質，其實可以互補，共同構建出一個更強大、更協作的團隊。

透過有效的溝通、妥協和合作，這些性格之間的衝突不僅可以得到解決，還能為團隊帶來更多的創新機會和穩定發展。理解性格差異，並善於利用彼此的優勢，將有助於每個團隊成員發揮最大的潛力，從而促進整體的成功。當每個成員都願意調整自己的行事方式，並共同朝著一個共同目標努力時，團隊不僅能解決內部衝突，還能變得更加強大和高效。這樣的合作不僅能增進團隊的凝聚力，更能推動團隊在競爭激烈的環境中脫穎而出，實現長期的成功。

Chapter30

性格衝突與互補：團隊合作中的理解與平衡

每個人的性格特質不同，這些差異既可能在團隊中引發摩擦，也可能成為成功合作的基石。當我們能夠理解這些差異並找到有效的合作方式時，性格差異不再是障礙，而是幫助團隊達成目標的力量。透過目標的一致性、良好的溝通、靈活的適應性以及清晰的角色分工等，性格差異能夠成為團隊強大的互補力量。反之，性格差異則可能轉化為衝突的根源。以下從幾個角度探討性格的衝突與互補。

1. 目標的一致性

衝突：如果團隊內部目標不一致，不同性格之間的差異則容易引發衝突。例如，若開創者希望快速推動新計畫，但支援者擔心風險過大、執行過程可能遇到問題而希望謹慎行事，雙方的目標和優先次序便會發生分歧。這樣的情況下，若沒有找到共同目標，性格差異將會加劇彼此的摩擦，影響團隊的合作效率。

互補：當雙方有共同的目標且清楚各自的角色時，不同性格的成員可以發揮各自的優勢來協力達成目標。例如，一個開創者性格的人可能偏向於冒險和創新，適合負責創意或戰略方向，而支援者性格的人則擅長維護穩定和提供後勤支持，適合處理執行細節。這種分工讓團隊內部合作更為順暢，開創者可以專注於推進新計畫，而支援者則負責確保計畫順利執行。雙方在這種協作中既發揮了各自的長處，也避免了單一性格的短處。

舉例：在一個創新型公司中，產品開發部門的領導者可能是黑色性格的開創者，他專注於市場突破，並希望加速產品的推出。然而，負責後勤支持的綠色支援者性格的經理，則擔心資源不足、時間壓力過大而傾向於減少風險。若兩者能夠找到共同目標，確保產品的創新與穩定性，這樣的合作可以達到互補的效果。

2. 溝通與理解

衝突：當溝通不順暢時，性格差異容易被放大，進而引發誤解。例如，行動導向的人可能覺得分析者過於謹慎、拖延進度，而分析者則可能認為行動導向者缺乏深思熟慮，行動太過草率。這樣的情況下，若缺乏良好的溝通，彼此的性格差異就容易成為衝突的導火線。

互補：良好的溝通能讓不同性格的人找到共識，並理解彼此的思維方式和行為動機。例如，分析型性格的人往往重視數據和邏輯，他們需要更充足的時間來收集資料並進行詳細分析；而行動導向型性格的人則希望快速做出決策並採取行動。透過有效的溝通，分析者可以為行動者提供精確的數據支持，而行動者則可以帶動整個團隊在適當時機推動項目進展。雙方相互理解後，差異不再是障礙，而是幫助彼此更好完成任務的資源。

舉例：假設在一個市場推廣團隊中，紅色性格的推廣者希望快速推出新一季的行銷活動，吸引更多潛在客戶，而藍色性格的分析者則希望先進行市場數據分析，評估行銷活動的風險與回報。若雙方能夠溝通理解，推廣者可以在推出活動前先採納分析者的建議，而分析者也能理解推廣者的急迫性，這樣的合作將能達到雙贏的效果。

3. 靈活的適應性

衝突：當一方過於堅持自己的工作方式，而缺乏彈性時，容易引發衝突。例如，整合者性格的人往往強調實際執行和資源整合，傾向於快速行動；而策略者性格的人則偏向於長期計畫和創新思考。若雙方不能適應彼此的工作風格，步調的差異可能導致節奏不一致，進而影響整體的合作效率。

互補：靈活適應對方的工作風格能讓團隊更具創造力和效率。例如，喜歡迅速行動的人如果能夠接受策略規劃者的詳細計畫，則不僅能提高執行速度，還能避免潛在的風險。而策略規劃者也能在學習行動者的果斷力後，讓其計畫更具有實際操作性。這樣的合作能夠讓團隊整體的節奏更加協調，達到效率與策略兼具的效果。

舉例：在一家快速擴張的科技公司裡，黑綠色的整合者想要迅速整合不同的部門來推動項目，但紅藍色的策略者卻希望先制定長期的市場戰略，考慮更多的細節與風險。如果雙方能靈活適應，整合者可以學習策略者的創新思維，加入更全面的計畫，而策略者則可以適應整合者的推動力，加快執行速度。

4. 分工與角色清晰度

衝突：若分工不清，雙方的職責容易重疊，這時性格差異往往成為衝突的來源。例如，紅色推廣者可能急於推出市場行銷計畫，藍色分析者則希望先進行更深入的數據分析。當雙方都試圖掌控決策過程時，角色重疊會導致行動方向和速度的分歧，從而引發衝突，最終影響合作成果。

互補：當每個成員的角色與責任分工明確時，不同性格的優勢可以互補，達到最佳效果。清晰的角色分工能讓每個團隊成員了解自己的責任範圍，避免不必要的衝突，並讓每個人能在其擅長的領域發揮最大價值。例如，藍色性格的分析者可以專注於數據分析，提供具體的事實與數據來支持決策；而紅色性格的推廣者則負責執行決策，將計畫有效地推廣至市場。這樣的分工不僅可以提升團隊合作效率，還能確保每個成員都能最大化自己的專業能力，促進團隊目標的達成。

舉例：在一個產品開發專案中，若藍色分析者負責數據收集與風險評估，而紅色推廣者負責市場推廣，雙方各司其職，能有效合作。但若角色分配不清，推廣者可能會認為分析者的分析拖慢了進度，而分析者則可能覺得推廣者忽略了數據的價值。這樣的角色不明確容易導致內部摩擦，甚至影響專案成效。

5. 風險容忍度與決策風格

衝突：當風險承受能力差異過大且雙方無法調和時，容易引發決策上的分歧。例如，快速行動的一方希望立即採取行動，而風險敏感的一方則覺得應更謹慎，這樣的分歧會使決策過程變得緩慢，甚至產生爭論。

互補：風險承受能力不同的人若能互相理解，則能在創新與穩定之間達到理想的平衡。例如，冒險型性格的人可以推動創新和突破，而風險敏感型的人則能夠提醒團隊避免潛在的風險。這樣的合作讓團隊既能保持創新，也不會陷入過多的風險中。

舉例：在新產品開發時，黑色性格的開創者可能希望迅速推出市場，以搶占先機；而綠色性格的支援者則擔心產品尚未成熟，可能面臨市場風險。若雙方能夠理解對方的觀點，開創者可以在支援者的協助下減少風險，而支援者也可以適度支持創新的步伐，達到平衡。

6. 壓力與危機應對方式

衝突：如果危機反應完全相反且彼此無法理解或配合，衝突便會產生。例如，一方希望迅速採取行動，另一方則需要更多時間來分析，這樣的步調不一致可能導致時機延誤並引發內部摩擦。

互補：不同性格在面對壓力和危機時的反應各不相同，如果雙方能理解並利用這些差異，團隊在面對危機時能發揮出更強的協同效應。例如，行動導向的成員在危機中可以迅速做出決策，而分析型成員則能提供支持性數據來確保決策的正確性，這樣的合作能夠幫助團隊在危機中保持穩定並快速應對。

舉例：在一個面對突發市場變動的情境下，黑紅色推動者可能會希望立即改變策略，迅速應對市場需求；而藍色分析者則會希望先進行更多的數據收集和風險評估。若雙方無法達成共識，可能會因行動的步調不同而失去市場機會。

總結

性格是否會引發衝突或成為互補力量，取決於幾個核心要素：目標的一致性、溝通的順暢度、適應能力的靈活性、分工與角色的清晰度、風險容忍度與決策風格以及壓力與危機應對方式。當這些條件得以滿足時，性格差異不僅不會引發衝突，反而能成為強大的互補力量，幫助團隊達成更高的成就；相反，若缺乏這些條件，性格差異容易引發內部摩擦，阻礙合作。因此，理解每一種性格的動機和需求，並在合作中尋找平衡，是達成高效合作的關鍵。

Part 7

成功的關鍵：
相同性格，
成敗為何各異？

Chapter31

比爾‧蓋茲的成功秘訣與性格發揮的關鍵

比爾‧蓋茲這個名字無人不曉，他以卓越的（黑色）決斷力和（綠色）穩定性，從一位年輕的創業者成長為全球知名的企業家。然而，為什麼同樣性格的人，有些取得了巨大的成功，有些卻碌碌無為，始終無法實現自己的抱負？這背後的原因，不僅僅在於性格特質本身，而在於一系列內在與外在的因素如何相互作用。

1. 自我認知與持續成長

蓋茲之所以能脫穎而出，並非僅僅因為他擁有黑色的果斷和綠色的穩定，而是因為他能深刻了解自己的優勢與弱點，並有意識地加以運用和改善。他明白自己的黑色特質可以幫助他在面對重大決策時迅速果斷，而綠色的穩定則讓他能夠持續不斷地追求目標，並保持專注。這種自我認知促使他不斷學習，不斷提升自我，從而使他能夠在激烈的市場競爭中長期保持領先。

相對而言，許多人雖然具備與蓋茲相同的性格特質，卻沒有對自己進行足夠的認知，沒有意識到自己的特質如何能夠發揮作用。他們可能習慣於舒適圈，認為自己的能力已經足夠，而沒有主動去學習和提升。這樣的停滯狀態最終導致他們無法發揮潛力。因此，持續的學習和反思，才是成長的關鍵。他們應該積極參加培訓，尋找導師，定期反思自我，這樣才能突破自己的瓶頸。

2. 適應性與靈活應變

蓋茲的另一個成功因素在於他的適應能力與靈活性。他展現了黑色的果斷和綠色的穩健，能夠在快速變化的市場環境中迅速做出調整。他始終保持開放的心態，樂於嘗試新事物，並在市場變動中找到新的機會，這使得他能夠在微軟的初創階段到壯大過程中，始終處於領導地位。

相比之下，一些擁有相同特質的人可能因為過於固執，無法接受變化，而最終被市場淘汰。這樣的人通常對新事物保持懷疑，或是沉浸在過去的成功中，缺乏應對變化的靈活性。他們應該學習蓋茲的開放心態，不斷更新自己的知識和技能，主動參與行業交流，了解市場動向，這樣才能在變動的市場環境中找到自己的立足之地。

3. 人際關係與有效溝通

成功者往往知道如何建立和維護良好的人際關係，而這也是蓋茲成功的重要原因之一。他善於發揮綠色的協作精神，並且懂得運用黑色的決策力，在適當的時候果斷行事。他知道如何在團隊中找到共識，也懂得何時應該堅持自己的立場。這使得他能夠與其他領導者和團隊成員建立牢固的合作關係，並在需要時迅速做出決策。

而許多人在這一點上往往失敗，原因在於他們要麼過於強勢，要麼過於被動，導致他們與他人之間的人際關係出現緊張。強勢的人可能因為過度控制，讓團隊成員感到壓力，從而影響團隊合作；被動的人則可能因為過度依賴他人，導致在關鍵時刻無法做出正確決策。他們應該學習如何平衡這兩種性格，參加溝通技巧的培訓，並定期與同事和夥伴進行反饋與交流，這樣才能更好地處理人際關係。

4. 目標設定與堅持執行

蓋茲的成功還體現在他能夠明確地設定目標，並具備強大的執行力。他充分運用了黑色特質的果斷和綠色特質的穩健，將自己的一步步目標轉化為現實。他知道如何在複雜的商業環境中保持清晰的方向感，並且能夠不斷調整計畫以適應新的挑戰。

然而，許多人在這方面常常遇到困難。他們可能缺乏清晰的目標，或者在面臨困難時缺乏足夠的行動力和毅力，導致他們最終未能達成所希望的成就。這些人應該學習如何設定具體且可行的目標，並使用時間管理工具來保持高效，確保自己能夠一步一步地實現既定目標。

5. 支持系統與學習心態

無論一個人多麼有才華，良好的支持系統和學習心態仍然是他們成功的關鍵。蓋茲一直保持著謙遜的學習態度，並且建立了強大的支持系統，讓他能夠在商業的風浪中始終保持穩定。他利用綠色的穩定性和黑色的果敢，不斷從周圍的資源中汲取經驗與知識，並且保持開放的心態接受他人的建議和幫助。

相反，許多人因為缺乏這樣的支持系統，或者因為自我封閉而不願接受他人的幫助，最終導致自己無法充分發揮潛力。這樣的人應該主動建立自己的支持系統，參加專業的社群和行業活動，並且保持學習和成長的心態，這樣才能在事業上不斷前進。

6. 環境與機遇

最後，環境與機遇也是成功與否的關鍵因素之一。蓋茲不僅擁有出色的性格特質和能力，他還能夠抓住時機，將他的想法和計畫轉化為現實。他懂得在合適的時機做出果斷的決策，並能夠在市場環境變化時迅速適應和調整。

但並不是每個人都能像蓋茲那樣抓住機會。有些人因為環境不利，或者錯失了關鍵的機會，最終無法實現自己的目標。這樣的人應該更加主動地尋找機會，參與更多的行業活動，擴展自己的人脈和視野。機會往往稍縱即逝，只有那些準備充分、主動積極的人，才能夠在關鍵時刻抓住成功的機會。

7. 正向與負向特質的平衡

最終，成功的關鍵在於如何發揮性格的正向特質，並有效地管理負向特質。比爾・蓋茲在果斷中保持謙遜，在穩定中保持靈活，這使得他的性格特質能夠最大限度地發揮作用。而那些未能成功的人，往往是因為過度發揮了某些負面的特質，導致自己無法在事業中前進。

例如，過度果斷可能導致專橫和固執，而過度穩定則可能導致懶散和缺乏創新。這樣的人應該學會如何識別和管理自己的負向特質，通過不斷的反思和調整，來避免這些特質對自己事業的負面影響。性格就像一把雙刃劍，只有善用正向特質，才能避免被負向特質所拖累。

結語

比爾・蓋茲的成功，不僅僅來自於他的黑色決斷力和綠色穩定性，更是來自於他對自己性格的深刻理解與管理。成功並不是性格的單一結果，而是自我認知、適應性、人際關係、目標設定、支持系統與機遇等多重因素的綜合體現。每個人都可以學習如何發揮自己的正向特質，避免負向特質，並通過不斷的學習和成長，走向自己成功的道路。成功無捷徑，唯有一步一腳印，持續反思與學習，方能在變幻莫測的世界中，闖出屬於自己的天地。

Chapter32

性格發揮成功與否的關鍵因素（以黑綠色性格為例）

性格對於一個人的成功與否有著深遠的影響，而黑綠色性格，即結合了黑色的果斷決策力和綠色的穩定性，常常被認為是兼具領導力和協作精神的理想組合。然而，擁有相同性格的人卻可能面臨完全不同的職業結局——有人獲得了巨大的成功，有人卻始終難以達成目標。這背後的差異，並不僅僅源自性格本身，而是多種內在和外在因素的共同作用。通過對這些關鍵因素的深入探討，我們可以更好地理解為何有些黑綠色性格的人能夠脫穎而出，而另一些人卻面臨困境。

1. 自我認知與學習能力

・**成功的黑綠色人**通常具有較高的自我認知能力，能夠清晰地了解自己在穩定性（綠色）與主導力（黑色）之間的平衡。他們善於利用自己的協作能力和決策力，並願意學習新知識，尤其是如何在團隊合作和領導力之間找到最佳的切入點。

・**不成功的黑綠色人**可能缺乏自我認知，尤其是在處理領導力與協作需求之間的平衡時。他們可能傾向於過於依賴某一面特質（如過於穩重或過於強勢），而忽略了其他方面的發展，從而錯失成長機會。

2. 應對壓力與挑戰的心態

・**成功的黑綠色人**能夠在壓力下保持冷靜，並且運用自己的穩定性來處理複雜情境。他們會利用自己的綠色特質來穩定團隊情緒，並在關鍵時刻展現黑色特質的果斷，從而帶領團隊走出困境。

・**不成功的黑綠色人**可能在壓力下表現出不平衡的行為，比如過於強勢地推動某些決策，忽略了團隊的協作需求，或者因為過度追求穩定性而不敢做出必要的決策，導致機會流失。

3. 人際關係與領導風格

・**成功的黑綠色人**善於利用他們的綠色特質來建立良好的人際關係，並運用黑色特質來有效地領導團隊。他們懂得在不同情境下適當地展現強勢或溫和的一面，這使他們能夠在保持團隊和諧的同時，推動工作進展。

・**不成功的黑綠色人**可能在領導風格上過於偏向一端，或者過於強勢，導致團隊反感，或者過於溫和，無法在需要時做出果斷的決策，最終影響團隊的效率和績效。

4. 靈活性與適應能力

・**成功的黑綠色人**具有較強的靈活性，能夠根據不同的情境調整自己的行為和決策。他們不會固守於某種特定的行為模式，而是根據團隊和環境的需求，靈活地在領導和協作之間切換角色。

・**不成功的黑綠色人**可能過於僵化，無法適應快速變化的環境或團隊需求。他們可能過度依賴自己的某一特質，而忽視了環境變化所帶來的挑戰，導致難以保持長期成功。

5. 資源管理與利用

・**成功的黑綠色人**懂得如何有效利用和管理資源，尤其是在協作過程中，他們能夠調動團隊的力量來共同解決問題，並且在需要做出決策時，能夠果斷地分配資源以達到最佳效益。

・**不成功的黑綠色人**可能在資源管理上出現問題，過度集中於維持現狀而忽視了資源的最佳利用，或者在做出決策時猶豫不決，導致資源錯配，影響整體效率。

6. 內在動機與持續性

・**成功的黑綠色人**通常擁有強烈的內在動機，他們不僅追求穩定的結果，還能夠長期保持高效工作，持續推動目標實現。他們的耐心和毅力使得他們能夠在困難面前不輕易放棄。

・**不成功的黑綠色人**可能缺乏足夠的內在驅動力，或者在面對挑戰時缺乏足夠的毅力。他們可能會因為過於保守或過於依賴團隊支持而難以在關鍵時刻推動自己，導致目標無法達成。

7. 性格補強的重要性

・**成功的黑綠色人**知道如何利用其他性格特質來補強自己，尤其是藍色（分析力）與紅色（推廣力）的補強。藍色性格的加入能增強他們的邏輯性與分析能力，讓他們在做決策時更全面、理性地評估風險。而紅色性格則提供更多的積極性與行動力，推動他們更加主動地採取行動，抓住機會，避免過度保守。

・**不成功的黑綠色人**可能忽略性格補強的重要性，過度依賴原有的黑色和綠色特質，導致他們在面對變化時缺乏足夠的靈活性和行動力。他們可能未能有效利用藍色來強化決策品質，或者未能借助紅色的行動力來抓住機遇，從而錯失成功的機會。

總結

黑綠色性格的成功與否受到多重因素的影響，包括自我認知、應對壓力的心態、人際關係的處理、靈活性與適應能力、資源管理、內在動機的持續推動力，以及性格補強的運用。當黑綠色性格者能在這些關鍵領域取得平衡並持續成長，並有效利用藍色與紅色性格的補強，他們將更有可能在職業生涯中實現長期成功，並脫穎而出。

Chapter33

職業成功檢核表：檢視你的性格發揮（以黑綠色性格為例）

為了幫助黑綠色性格的人在職業生涯中持續進步並取得成功，以下檢核表能幫助你檢視自己在不同方面的表現，並進行必要的調整，以充分發揮自己的潛力。這些檢核點還將包括性格補強的考量，特別是藍色（分析力）和紅色（推廣力）的補強，幫助你在職業生涯中邁向成功。

1. 認識自己和學習

- 是否定期反思自己在穩定性和決策力方面的強項和弱點？
- 是否持續學習以提高你在關鍵時刻的決策能力？
- 是否願意接受他人的建議，並將其作為改善自己的機會？
- 是否在穩定推進工作的同時，敢於在必要時做出果斷決策？
- **補強檢查**：你是否有利用藍色性格的分析能力來提升決策的理性與深度？

2. 面對壓力

- 在壓力下是否能保持冷靜和穩定，並且不失果斷？
- 是否能在壓力情境中平衡穩定推進和果斷決策？
- 在面臨壓力時，是否過於保守而錯失機會？
- 是否能有效管理壓力，並將其轉化為推動自己和團隊的動力？
- **補強檢查**：是否在面對壓力時，能夠運用紅色性格的推廣力，快速與他人溝通並調整資源以解決問題？

3. 與人相處和領導

- 是否在制定策略時考慮到團隊的穩定性和長遠發展？
- 是否能在推動變革時保持果斷，但不忽視團隊的穩定和和諧？
- 是否能在團隊中扮演穩定的支持者和果斷的決策者雙重角色？
- 是否注意避免過於保守或過於果斷，導致團隊進展緩慢或緊張？
- **補強檢查**：你是否有使用藍色性格來分析團隊的長期需求，並使用紅色性格來激勵並傳播你的理念？

4. 適應變化

- 是否能根據環境變化調整策略，同時保持團隊穩定？

- 在變化的情況下，是否仍能確保工作穩定有序地推進？
- 是否願意在必要時放棄穩定的流程，採取新方法或挑戰新機會？
- 在適應變化時，是否能平衡穩定推進和靈活調整？
- **補強檢查**：你是否在變化中利用藍色性格的分析來評估風險，並使用紅色性格的推廣力來快速適應變化並影響他人？

5. 管理資源

- 是否能制定詳細的計畫並穩定地推進項目，同時在需要時果斷分配資源？
- 在執行計畫時，是否能靈活調整資源配置以應對變化？
- 是否注意避免過於保守而忽視資源的最佳利用？
- 在資源管理上，是否能兼顧穩定性與效率？
- **補強檢查**：是否利用藍色性格的分析力來更好地配置資源，並使用紅色性格的推廣力來表達需求並爭取更多資源？

6. 內在動力

- 是否持續保持對長期穩定發展的追求，並在需要時果斷推動自己？
- 是否能將你的內在動力轉化為持續的行動力和穩定推進？

- 是否在追求穩定性的同時保持對改進和成長的渴望？
- 是否能避免因過於保守而喪失推動自己和團隊前進的動力？
- **補強檢查**：你是否運用了紅色性格來激發內在動力，並通過積極影響他人來推動目標實現？

7. 性格補強的因素

- 是否定期檢視自己是否在不同情境中有效運用了藍色（分析力）來提升決策品質？
- 是否利用藍色性格的分析力來做出更精確的風險評估和數據驅動決策？
- 是否善用紅色性格的推廣力來清晰表達意圖並激發行動力，避免因過於穩重而錯失機會？
- 在你面臨壓力或變革時，是否能夠靈活運用紅色性格的推廣力來快速應對並影響他人行動？

每日／每週檢查：

- 我今天是否在工作中兼顧了穩定推進和果斷決策？
- 我是否在壓力下保持了冷靜、穩定和果斷？
- 我是否在工作中保持了穩定的流程，同時不失靈活性？
- 我是否持續推動自己和團隊達成穩定且高效的目標？
- **補強檢查**：我是否運用了藍色性格來做出理性分析？我是否激發了紅色性格來影響他人並促進行動？

月度／季度檢查：

- 我是否在這段時間內學到了新技能或改進了我的決策能力？
- 我是否成功適應了工作中出現的變化，並且有效應對了挑戰？
- 我是否管理好了手頭的資源，並且在目標達成上取得了穩步進展？
- 我是否保持了內在動力，並在職業目標上穩步前進？
- **補強檢查**：我是否運用了藍色性格來提高決策的深度？我是否善用了紅色性格來影響他人並推動目標實現？

這個檢核表的設計，旨在幫助黑綠色性格的人進行定期的自我檢視與反思，並且通過針對性的問題來調整行動策略。性格特質固然重要，但成功的關鍵不僅在於擁有哪種性格，更在於黑綠色人如何有效地運用和管理這些特質，並且根據環境和挑戰靈活應對。尤其是當黑綠色人能夠通過藍色（分析力）和紅色（推廣力）的補強，發揮出黑綠色性格的優勢，便能更加靈活且果斷地應對職場挑戰。

透過定期檢視自己在自我認知、壓力管理、人際關係、適應變化、資源管理以及內在動力方面的表現，並結合性格補強的力量，黑綠色人可以持續強化職業發展路徑，避免因性格中的弱點導致失敗或停滯。每一個項目的設置都是為了幫助黑綠色人在工作中找到平衡：既保持穩定性，又不失果斷力；既能在團隊中保持和諧，又能領導他人前行。藍色的補強能夠讓黑綠色人的決策更為縝密，而紅色的補強則促使黑綠色人在關鍵時刻清晰傳遞訊息，影響他人，並抓住機會。

這種定期的反思和調整，不僅能讓黑綠色人更清楚地看到自己的進步，也能針對性地改善那些可能阻礙成功的因素。成功是多方面因素共同作用的結果，並非僅依賴某一性格特質。通過藍色分析力的補強，黑綠色人可以更加冷靜理智地解決複雜問題；通過紅色推廣力的補強，黑綠色人可以在穩定中有效影響他人，推進目標實現。職業成功是持續努力與自我調整的結果，只有在不斷學習與改進的過程中，黑綠色人才能充分發揮其性格中的果斷力與穩定性，進而在長期發展中實現卓越。

無論黑綠色人正處於職業生涯的哪個階段，這個檢核表都能幫助他們找出自己的優勢，並克服挑戰，讓他們在競爭激烈的職場中保持領先。最終，成功來自於對自己持續的深刻認知、靈活的行動以及性格補強的正確運用。透過這樣的自我檢查與反思，黑綠色人不僅能找到前進的方向，還能一步步走向更加穩定且果斷的職業成功之路，並且能在需要時運用藍色與紅色的補強力量，增強自己的決策與行動力，實現職業生涯的長期成功。

Part 8

商業合作致勝關鍵：無懈可擊的談判策略

當你與不同性格類型的合作者進行談判時，深入理解他們的行為模式、思維方式和需求，將顯著提升你的談判成功率。每個人都有獨特的個性，這些特質直接影響他們在談判中的表現和決策過程。通過細心觀察對方的反應和談話方式，並運用適合其性格的談判策略，你能夠靈活應對不同情境，有效推動合作進程。以下是針對不同性格合作者的行為觀察、理解方式以及具體的談判策略，以幫助你達到最佳的談判效果。

1. 效率型合作者：拿破崙的領導風範（黑色人）

- **性格特質**：積極、主導、追求成就。
- **合作模式**：快速決策、果斷行動，注重高效率的合作成果。
- **行為特徵**：
  - ✓ 喜歡快速推進事情，對冗長討論缺乏耐心。
  - ✓ 在團隊中常常擔任領導角色，掌控決策方向。
- **觀察方式**：
  - ✓ 注意對方是否在談判初期便急於設定目標並推動進展。
  - ✓ 是否經常打斷冗長討論，直接切入問題核心。
- **談判策略**：
  - ✓ **直接了當**：避免長篇大論，簡單明瞭地提出你的方案，強調要解決的核心問題。
  - ✓ **強調結果**：展示能夠在短期內取得的成果，並提供數據或具體例子來證明效益。

✓ **保持主動**：讓他們感受到自己掌握了談判的主導權，但你可以通過引導他們走向你期望的結果來巧妙地達成共識。

代表人物：拿破崙・波拿巴（Napoleon Bonaparte）是一位典型的效率型合作者（黑色人）的代表，這從他在軍事和政治領域的領導風格中可見一斑。

・**性格特質**：拿破崙的性格中展現了強烈的積極性和主導力。他的行動風格集中於快速決策和追求成就。拿破崙總是帶領他的軍隊迅速採取行動，無論是戰術決策還是戰役規劃，他都注重高效率，避免浪費時間。

・**合作模式**：拿破崙在合作中也是這樣的典範。他與其他將領和顧問的合作模式明顯偏向於他所掌控的快速決策。在戰場上，他要求部下能夠立即反應，並遵從他的指令，以達到最終勝利。例如，他的許多經典戰役，如義大利戰役和奧斯特里茨戰役，都是在他以極短時間內制定策略並果斷執行下取得成功的。

・**行為特徵**：

✓ **喜歡快速推進事情**：拿破崙在戰場上有「急行軍」的戰術風格，他的軍隊經常在敵軍尚未準備充分時出其不意地出擊。他對討論戰略有耐心，但一旦達成決策，便迅速執行，沒有冗長的計畫階段。

✓ **掌控決策方向**：拿破崙總是強烈掌控著整個帝國的

軍事與政治決策。他不僅依靠自己的判斷，也會推動團隊迅速執行他的指示，確保所有決策都能緊密圍繞他設定的目標。

- **觀察方式：**
  - ✓ 在談判或戰略討論中，拿破崙往往會迅速鎖定目標並推動進展。他不喜歡拖泥帶水，會在一開始就設立清晰的勝利目標，並讓其他人按照他的節奏行事。
  - ✓ 在討論或談判中，當他感到討論過於冗長時，他會打斷，直接切入關鍵問題。例如，他在與其他國家談判和平條約時，通常會迅速聚焦在關鍵條款上，不浪費時間在枝節問題上糾纏。
- **談判策略：**
  - ✓ **直接了當：效率型合作者**非常實際，討厭冗長的對話。因此，與他們談判時，快速點明關鍵問題，簡潔表達意圖是成功的關鍵。這樣可以贏得他們的信任，並加速談判過程。
  - ✓ **強調結果：效率型合作者**是一位結果導向的領袖，他們關心實際的成果而不是過程。因此，在談判中，與他們展示可以快速實現的目標，並提供數據和例子來證明效益，這會對他們產生巨大的吸引力。
  - ✓ **保持主動：效率型合作者**喜歡掌握主導權。在談判中，他們希望主動推動事情進展。然而，通過巧妙的引導，可以在他們掌控的表象下，逐漸引導談判達成自己的目標。

總之，與**效率型合作者**談判時，應採取直接了當的方式，迅速點明關鍵問題，避免冗長討論；同時，強調實際結果，提供數據和實例來證明效益，以吸引對方的關注；此外，**效率型合作者**喜歡掌控全局，因此在談判中需保持他們對進程的主導感，但可以通過巧妙引導，逐步實現自己的目標，最終達成雙贏的局面。

2. 交際型合作者：隆納・雷根的魅力談判（紅色人）

- **性格特質**：外向、熱情、擅長社交。
- **合作模式**：通過社交技巧和魅力促成合作，創造雙贏局面。
- **行為特徵**：
  - ✓ 善於交際，常利用魅力和幽默感來影響他人。
  - ✓ 喜歡在談判過程中建立融洽的關係，維持輕鬆的氛圍。
- **觀察方式**：
  - ✓ 注意對方是否在談判中熱衷於互動和建立個人聯繫。
  - ✓ 是否傾向於用幽默打破緊張局勢，並促使合作氣氛更輕鬆。
- **談判策略**：
  - ✓ **融洽的氛圍**：在談判開始前，不妨先花一些時間進行輕鬆的交流，讓對方感到自在。

✓ **雙贏方案**：強調你如何在合作中為雙方創造價值，並用熱情的語氣說明合作將如何提升彼此的優勢。

✓ **社交潤滑劑**：如果談判陷入僵局，利用幽默或個人故事來化解壓力，這將幫助交際型合作者重新聚焦並繼續推進。

代表人物：隆納·雷根（Ronald Reagan）是典型的交際型合作者（紅色人），他的性格特質以外向、熱情和卓越的社交技巧著稱。在他的政治生涯中，雷根以出色的溝通能力和魅力來影響他人，並促成了許多雙贏的合作局面。

・**性格特質**：雷根的外向性格和熱情，使他在政治舞台上成為一個極具親和力的領袖。他擅長與各類人群建立良好的關係，無論是國內政壇還是國際領袖，都被他的個人魅力所吸引。他以一種友善、輕鬆的方式進行溝通，使得他在推動政策時能夠得到更多人的支持。

・**合作模式**：雷根的合作模式充分體現了交際型合作者的特點。他並不僅僅依賴於嚴肅的政治對話，而是利用他優秀的社交技巧和幽默感，來創造一個輕鬆、友好的談判氛圍，從而促成合作。無論是在國內政治談判還是國際外交場合，雷根都強調雙贏的結果，並用他的熱情感染對方，讓談判各方感到舒適。

・**行為特徵**：

✓ **善於交際**：雷根以「偉大的溝通者」著稱，他經常利用幽默和故事來建立融洽的關係。例如，在與蘇聯領袖戈巴契夫的冷戰談判中，雷根通過輕鬆的對話和個人魅力，使談判氣氛不再緊張，促使雙方達成共識。

✓ **維持輕鬆的氛圍：**雷根喜歡在談判過程中保持輕鬆的環境。他經常在緊張的討論中加入幽默來化解壓力，讓對話更自然。例如，在與國內立法者討論重大政策時，他會用笑話打破僵局，使得雙方更容易找到共同點。

・**觀察方式：**

✓ 雷根在談判中總是熱衷於與對方建立個人聯繫。他在談判的開始通常會花時間輕鬆地互動，讓對方感到舒適，這樣的方式不僅讓談判過程更加順利，也為他贏得了不少談判上的優勢。

✓ 當談判陷入緊張時，雷根會巧妙地用幽默來化解氣氛。例如，在某次國際會議上，他用輕鬆的言語和笑話打破僵局，重新調整了會議的氛圍，使得談判進展更加順利。

・**談判策略：**

✓ **營造融洽的氛圍：交際型合作者**重視在談判前營造一個輕鬆、友好的環境。與他們進行談判時，應避免一開始過於嚴肅或正式，而是通過輕鬆的互動來拉近彼此距離。這不僅能夠使談判氛圍更加自然，也有助於打開雙方的心扉，為接下來的對話鋪平道路。

✓ **強調雙贏合作：交際型合作者**在談判中經常強調合作的雙贏局面，因此，與他們談判時，應明確展示如何通過合作讓雙方共同獲利。用熱情的語氣解釋你如何看待未來合作的利益，並強調合作能帶來的共同優勢，這將能迅速引起他們的共鳴。

✓ **利用社交潤滑劑：**當談判進入僵局時，**交際型合作者**喜歡利用幽默或輕鬆的話題來化解緊張局勢。因此，在與他們談判時，如果氣氛變得嚴肅或遇到困難，不妨用輕鬆的方式講個笑話，或者分享一些個人故事來緩解壓力，這將有助於重新引導談判回到正軌。

總之，與**交際型合作者**談判，重點在於創造輕鬆的談判氛圍、強調雙贏合作、靈活應對僵局，並注重建立個人聯繫。通過運用這些策略，你將更容易達成互利共贏的協議。

3. 服務型合作者：德蕾莎修女的真誠合作（綠色人）

- **性格特質：**穩重、可靠、服務導向。
- **合作模式：**重視長期穩定的合作，避免衝突，建立信任。
- **行為特徵：**

✓ 注重長期穩定的合作關係，避免衝突。

✓ 對於衝突情況較為敏感，傾向於通過溝通和妥協來化解問題。

・**觀察方式：**

✓ 注意對方是否優先考慮合作中的和諧氛圍，以及是否避免激烈對抗。

✓ 是否強調建立長期合作的可能性。

・**談判策略：**

✓ **強調穩定性**：展示如何通過合作實現長期穩定的雙贏局面，並保證雙方利益。

✓ **細緻入微**：在談判過程中，對於細節和長期利益進行深入討論，讓他們感受到你同樣在意長期合作。

✓ **建立信任**：透過持續的溝通與合作，展示你的可靠性，這會促使他們更願意合作。

代表人物：德蕾莎修女（Mother Teresa）是典型的服務型合作者（綠色人），她的性格特質穩重、可靠，並以服務導向為核心。她一生致力於服務他人，特別是照顧最貧困、最需要幫助的人，展現了對於長期穩定合作關係的重視，並通過建立信任來推動她的使命。

・**性格特質**：德蕾莎修女的性格穩重，注重關懷和照顧他人。她總是致力於以服務他人為目的，並且她在工作中的每一步都表現出極高的可靠性。這種穩定性與服務導向成為她在推動慈善事業中的核心特質。

- **合作模式：**她的合作模式體現在與教會、政府、志工團體等各方的長期穩定合作。德蕾莎修女重視長期的關係，而不是短期的利益。在她的慈善工作中，始終強調與其他組織和個人建立信任，通過長期穩定的合作來解決全球範圍內的貧困問題。
- **行為特徵：**
  - ✓ **避免衝突：**德蕾莎修女對於衝突較為敏感，她在處理困難情況時，總是傾向於通過溝通、耐心和妥協來達成一致。例如，在她面對資金短缺、物資不足時，總是保持冷靜，尋找解決方案，避免激烈的對抗。
  - ✓ **重視穩定的合作關係：**德蕾莎修女在她的慈善工作中，總是尋求與不同團體建立長期穩定的合作，這使得她能夠在世界各地持續推動救助工作。她所強調的不是一時的救濟，而是長期、可持續的幫助。
- **觀察方式：**
  - ✓ 她在與志工、政府和其他慈善組織合作時，總是優先考慮和諧氛圍，避免激烈的對抗與爭執。她相信通過和諧的合作，可以取得更大的成效，並持續推動慈善事業。
  - ✓ 德蕾莎修女的每一項慈善行動，都強調了長期合作的重要性。她相信，只有通過穩定、持久的努力，才能真正改變那些生活在貧困中的人們的命運。

- **談判策略：**
  - ✓ **強調穩定性：**與**服務型合作者**談判時，應該展示你的提案能夠帶來長期穩定的合作。他們重視長期的關係，而非短期利益，因此，在談判中應強調如何確保持久的資源和支持。他們關注的是穩定的雙贏局面，這樣才能推動長期的慈善事業。
  - ✓ **細緻入微的討論：服務型合作者**非常注重細節，特別是那些與長期合作相關的具體步驟。因此，與他們談判時，應該準備充分的資料，深入探討合作中的每個細節。這不僅能展示你的誠意，還能讓他們放心，認為你同樣重視長期合作的價值。
  - ✓ **展示信任與可靠性：服務型合作者**非常看重信任和可靠性，這是他們選擇合作夥伴的核心標準之一。在談判中，你應該展示你過去成功的合作案例，並通過持續的溝通來贏得他們的信任，這樣，他們會更傾向於與你合作。

總之，與**服務型合作者**談判時，強調穩定性、細節討論、建立信任，並保持和諧的談判氛圍，是促成成功合作的關鍵。**服務型合作者**重視長期可持續的合作，通過這些策略，你能夠更好地贏得對方的信任並推動合作進展。

4. 精確型合作者：王永慶的細節掌控（藍色人）

- **性格特質**：理性、精確、追求完美。
- **合作模式**：注重數據與事實，追求高標準的合作成果。
- **行為特徵**：
  - ✓ 喜歡深入研究細節和數據，注重事實與證據。
  - ✓ 在決策前通常會進行詳細的分析，避免感情用事。
- **觀察方式**：
  - ✓ 注意對方是否要求更多的數據支持，並針對每個細節進行深入討論。
  - ✓ 是否不輕易做出決策，而是等待全面的分析結果。
- **談判策略**：
  - ✓ **準備充分的數據**：在談判前，收集相關的數據和報告來支持你的立場，讓他們信服。
  - ✓ **深入探討細節**：願意花時間與他們討論細節，這將讓他們感到你的提議是經過深思熟慮的。
  - ✓ **展現專業性**：用專業術語和嚴謹的態度來展示你對提案的深刻理解。

代表人物：台塑集團創辦人王永慶，被譽為「經營之神」，是典型的精確型合作者（藍色人），他的理性思維和對的追求，深刻體現了這一類型的性格特質。在經營台塑集團的過程中，王永慶始終注重數據與事實，並以高標準要求每一個細節，確保公司運營的精確性與有效性。

・**性格特質**：王永慶的理性和對完美的追求，使他在管理企業時，總是依靠數據來進行決策。他關注每個細節，追求卓越和效率，這使得台塑集團在他的領導下逐漸壯大，成為全球知名的企業。他強調以精確的管理和生產流程來達到最高效的運營效果，並避免任何不必要的浪費。

・**合作模式**：在合作中，王永慶的風格是基於事實和數據的，他非常注重合作成果的高標準。他要求合作夥伴必須有充分的數據支持，並且在任何合作中，都會仔細分析細節，確保每一項決策都經過周密的思考和計算。這種對細節的重視和對高標準的追求，讓他的企業在市場上具有強大的競爭力。

・**行為特徵**：

✓ **深入研究細節和數據**：王永慶在企業管理中，尤其注重數據和事實的支撐。他會對生產流程中的每一個細節進行深入研究，確保所有決策都是基於充分的數據分析，而非感情或臆測。

✓ **詳細分析決策**：他在做重大決策時，往往會進行詳細的分析，權衡各種可能性，避免草率決策。例如，在台塑集團的早期發展過程中，他通過對市場的精確分析，決定進軍石化行業，這一決策促使台塑成為世界級企業。

・**觀察方式**：

✓ 王永慶通常要求更多的數據支持，並且對合作中的每個細節都會進行深入探討，這種精確的態度讓他在談判和合作中總能占據主動。

✓ 他在做出任何決策之前，總是先等待全面的分析結果，並通過精細的數據來支持他的選擇，這讓他的企業運營更加穩定和成功。

・**談判策略：**

✓ **準備充分的數據**：與精確型合作者合作時，必須準備好完整的數據和報告。只有當所有的提議都有具體的數據支持，他們才會對你的立場產生信任和認可。

✓ **深入探討細節：精確型合作者**在談判中非常重視細節。他們願意花時間討論每一個細微之處，因此，與他們合作時，必須展現對提案深思熟慮的態度，並且能夠應對各種細節問題。

✓ **展現專業性**：在與**精確型合作者**的合作中，展示專業性至關重要。使用專業術語和嚴謹的態度，能讓他們感受到你對提案的深刻理解，這將大大增強他們對合作的信心。

總之，與**精確型合作者**談判時，應強調數據和事實，確保每個提案都有充分的依據，並展現對細節的深入分析。他們重視高標準的合作成果，因此準備詳細的資料和精確的數據支持，將有助於贏得**精確型合作者**的信任並促進談判成功。

5. 積極型合作者：郭台銘的果斷決策（黑紅色人）

- **性格特質**：自信、競爭、領導力強。
- **合作模式**：快速果斷，喜歡承擔風險，推動迅速的決策與行動。
- **行為特徵**：
  - ✓ 自信且具競爭心，喜歡快速推動決策並承擔風險。
  - ✓ 在面對挑戰時表現出領導能力，並喜歡帶領團隊迅速行動。
- **觀察方式**：
  - ✓ 注意對方是否喜歡掌控談判進程，並迅速提出決策。
  - ✓ 是否表現出強烈的競爭心態，推動對方接受挑戰。
- **談判策略**：
  - ✓ **快速行動**：讓談判過程簡潔明瞭，避免過度深入討論細節，給予他們做出迅速決策的空間。
  - ✓ **強調競爭優勢**：展現合作將帶來的競爭優勢，並強調迅速行動會帶來成功。
  - ✓ **容許冒險**：向他們展示你對風險的掌控能力，這樣他們會更加信任你並願意合作。

代表人物：郭台銘，鴻海集團的創辦人，是典型的積極型合作者（黑紅色人），他以自信、競爭心強和強大的領導力著稱，並以快速果斷的決策風格推動企業的飛速發展。

- **性格特質**：郭台銘展現了極高的自信和競爭性，他不僅敢於承擔風險，還以領導者的身分帶領團隊面對各種挑戰。他善於抓住市場機會，快速推動企業的成長，並在高度競爭的科技製造業中占據主導地位。他喜歡承擔風險，並能夠迅速做出決策，這也是鴻海集團能夠在全球市場上迅速擴展的重要原因。

- **合作模式**：郭台銘的合作模式體現了黑紅色人的特點——快速果斷，喜歡承擔風險。他在商業決策中往往會推動快速行動，避免冗長的討論，並通過果斷的決策帶領公司在競爭中取勝。例如，郭台銘在決定進軍電子產品代工業時，他迅速判斷市場需求，並立即採取行動，讓鴻海集團在短時間內成為全球領先的電子製造服務供應商。
- **行為特徵**：
  - ✓ **自信與競爭心**：郭台銘自信滿滿，敢於挑戰傳統行業的規則，並且不畏懼承擔風險。他在進行重大商業談判時，常常主導談判進程，迅速做出決策，並推動其他合作方接受挑戰，達成目標。
  - ✓ **領導能力與快速行動**：面對競爭和挑戰時，郭台銘展現出強大的領導能力，總能迅速帶領團隊採取行動。例如，當蘋果尋找 iPhone 製造合作夥伴時，郭台銘迅速抓住這一機遇，憑藉其快速決策和果斷行動，成功贏得了合作，為鴻海集團帶來巨大的發展機會。

- **觀察方式：**
  - ✓ 在商業談判中，郭台銘喜歡掌控整個談判過程，並且傾向於快速提出決策，推動談判向前發展。他不會在細節上浪費太多時間，而是集中精力推動整體目標的實現。
  - ✓ 他經常表現出強烈的競爭心態，推動合作方接受挑戰，並且會主動展示自己對風險的掌控能力，讓合作方感到他擁有駕馭市場變化的能力和決心。
- **談判策略：**
  - ✓ **快速行動：**與**積極型合作者**進行談判時，應簡潔明瞭地提出要點，避免深入細節討論，給予他們足夠的空間來迅速做出決策。他們重視速度和效率，因此談判過程越簡潔，他們越能快速做出反應。
  - ✓ **強調競爭優勢：**在談判中，展現合作將帶來的競爭優勢是非常有效的策略。**積極型合作者**對成功充滿渴望，若能展示合作帶來的市場領先地位與優勢，他們將更加積極地推動合作進展。
  - ✓ **容許冒險：積極型合作者**願意承擔風險，因此，展示你對風險的掌控能力是贏得他們信任的關鍵。在談判中強調你對風險的管理策略，這將讓他們感到放心，並更願意與你合作。

總之，與**積極型合作者**談判時，應展示自信和果斷的決策力，強調迅速行動和競爭優勢。他們重視快速決策和積極推進，因此提出能帶來明顯競爭力和實際成果的方案，將有效引起**積極型合作者**的共鳴，促進合作達成。

6. 務實型合作者：比爾・蓋茲的穩健務實（黑綠色人）

- **性格特質**：實際、平衡、謹慎。
- **合作模式**：協調各方利益，追求穩定和可行的解決方案。
- **行為特徵**：
  - ✓ 謹慎且實際，追求穩定和可行的解決方案。
  - ✓ 傾向於在多方利益中找到平衡，並考慮長期效果。
- **觀察方式**：
  - ✓ 注意對方是否強調合作方案的可行性，並對風險進行深思熟慮。
  - ✓ 是否希望通過穩健的方式解決問題，避免激進的決策。
- **談判策略**：
  - ✓ **強調務實性**：務實型合作者看重具體且可行的方案，因此，你應展示你的提案是經過深思熟慮、具體可行的，並符合現實條件。
  - ✓ **提供穩定的長期預期**：務實型合作者重視穩定，你可以強調合作將帶來的長期穩定效益，並承諾具體可見的成果。

✓ **協調多方利益**：務實型合作者擅長平衡各方利益，因此你可以強調你如何考慮了各方的需求，提出兼顧各方利益的解決方案，從而促成雙贏局面。

代表人物：比爾・蓋茲（Bill Gates），微軟的創辦人，是典型的務實型合作者（黑綠色人），他的性格特質集中於實際、平衡和謹慎，尤其體現在他創辦並帶領微軟成為全球軟體巨頭的過程中。他強調協調多方利益，追求穩定且可行的解決方案，同時注重長期效益。

・**性格特質**：比爾・蓋茲是一位非常務實的領導者，他總是關注技術發展與市場需求的平衡，並且以謹慎的態度推動微軟的戰略發展。在創業初期，他便深知市場需求與技術實現之間的關鍵平衡，這讓微軟的產品在市場上能夠快速站穩腳跟。他重視實際的解決方案，並且所有的決策都是基於深思熟慮後進行的。

・**合作模式**：比爾・蓋茲的合作模式體現在協調各方利益並追求穩定且可行的解決方案。他在與合作夥伴及競爭對手打交道時，總是尋找務實的合作路徑，並避免激進或不穩定的決策。例如，他推動微軟與IBM的合作，為其提供操作系統，這一務實決策不僅讓微軟迅速成長，還穩固了長期市場地位。

・**行為特徵**：

✓ **謹慎且實際**：比爾・蓋茲以務實的眼光看待市場發展和技術創新。他總是尋求穩定和可行的解決方案，確保每個決策都能帶來長期的效果。他不會冒險進行不成熟或不可行的項目，這讓微軟在技術領域穩步前進。

✓ **平衡多方利益**：蓋茲在推動業務時，總是能夠在多方利益中找到平衡。他了解如何在股東、員工、客戶和合作夥伴之間尋求一個平衡點，這讓他的決策不僅符合公司的利益，也滿足了多方需求。

- **觀察方式**：

✓ 比爾．蓋茲經常強調合作方案的可行性，並且會對所有風險進行深思熟慮。他在任何決策之前，總是會徹底評估現實條件，並確保方案能夠長期執行。例如，當他推動微軟進軍網際網路領域時，他明確指出網路將成為未來的趨勢，並在謹慎評估風險後，逐步投入資源進行技術布局。

✓ 蓋茲的行事風格偏向穩健，避免激進的決策。在面對競爭壓力時，他不會採取冒進行動，而是通過穩健的方式逐步增強微軟的競爭力，這讓微軟的發展基礎更加牢固。

- **談判策略**：

✓ **強調務實性**：在與務實型合作者合作時，應展示提案的具體可行性，並確保方案經過詳細考慮且符合現實需求。**務實型合作者**對每個合作方案都會進行深入分析，因此務實且具體的提案能夠引起他們的興趣。

✓ **提供穩定的長期預期：務實型合作者**非常重視長期穩定的合作效益。你可以在談判中強調合作所能帶來的長期穩定成果，並提供具體的數據和案例來證明這些效益。這將有助於促進合作，因為他們非常注重未來的可持續發展。

✓ **協調多方利益：務實型合作者**善於平衡多方利益，在談判中，你可以強調你如何兼顧了各方需求，並提出一個可以滿足多方利益的解決方案。這樣的談判策略會讓他們覺得你的方案具有務實性和可行性，並更願意與你合作。

總之，與**務實型合作者**談判時，應強調務實性和穩定性，展示經過深思熟慮的方案，並提供具體可行的解決方法。他們重視謹慎和穩健的行動，因此在談判中，需突出合作如何平衡多方利益並確保長期穩定發展，這將有助於贏得**務實型合作者**的信任，促進合作。

7. 和諧型合作者：曼德拉的和解智慧（紅綠色人）

- **性格特質**：友善、耐心、注重合作和諧。
- **合作模式**：尋求雙方需求的平衡，創造友好合作環境。
- **行為特徵**：

✓ 尋求雙方需求的平衡，注重合作中的和諧。
✓ 通常扮演調解者的角色，喜歡通過溝通達成共識。

・**觀察方式：**

✓ 注意對方是否在談判中努力尋求雙方需求的平衡，並強調理解與合作。
✓ 是否傾向於用柔和的方式解決分歧，避免直接對抗。

・**談判策略：**

✓ **展示合作平衡**：和諧型合作者重視平衡與和諧，你應該展示對雙方需求的充分理解，並強調如何在合作中實現雙方受益的局面。
✓ **避免對抗性言辭**：談判過程中保持溫和的語氣和態度，避免激烈的對抗，並強調合作而非競爭。
✓ **強調團隊精神**：和諧型合作者注重團隊合作，你可以通過強調團隊合作的重要性來促進共識，並展示如何通過合作解決問題。

代表人物：納爾遜・曼德拉（Nelson Mandela）是典型的和諧型合作者（紅綠色人），他的性格特質友善、耐心，並且極其注重合作中的和諧與平衡。他以和平的方式促成南非種族隔離制度的終結，展現了對合作平衡和團隊精神的高度重視。

・**性格特質**：曼德拉以友善和耐心著稱，他總是注重雙方需求的平衡，努力通過合作來化解衝突，並創造一個和諧的合作環境。在南非政治舞台上，他不僅代表了反對種族隔離的黑人群體，還致力於讓白人群體也能理解和參與社會的和解進程，這種平衡和包容使得他成為和平的象徵。

・**合作模式**：曼德拉的合作模式是以和諧為基礎，他尋求雙方需求的平衡，並致力於創造友好的合作環境。在談判和政治運作中，他總是努力通過溝通來達成共識，避免激烈的對抗。在他推動南非的種族和解過程中，他不僅強調黑人社群的權益，也主張白人群體應該在新南非中擁有平等的地位，這種包容性的合作模式幫助南非實現了從種族隔離到民主的平穩過渡。

・**行為特徵**：

✓ **尋求雙方需求的平衡**：曼德拉在領導南非走向種族和解的過程中，始終關注雙方的需求和平衡。他理解種族隔離對黑人社群的巨大傷害，但他也明白，若要建立一個穩定的社會，白人群體的需求也必須得到尊重。

✓ **調解者的角色**：曼德拉經常扮演調解者的角色，他通過不懈的溝通，促使各方在最困難的時期達成共識。例如，在他與當時南非政府的談判中，他始終保持耐心，通過柔和的方式來解決分歧，避免直接對抗。

・**觀察方式**：

✓ 曼德拉在談判過程中，努力尋求雙方需求的平衡，並強調理解與合作。當南非各方對於權力分配存在分歧時，曼德拉用他的耐心和溫和的語調，促使雙方找到共同點，從而推動談判的成功。

✓ 他傾向於用柔和的方式解決分歧，避免激烈的對抗。例如，在面對極端分子和反對勢力時，曼德拉並沒有採取激進的對抗策略，而是通過對話和合作來實現最終的和解。

‧**談判策略：**

✓ **展示合作平衡：**與**和諧型合作者**合作時，你應該展示對雙方需求的充分理解，並強調如何在合作中實現雙方受益的局面。

✓ **避免對抗性言辭：和諧型合作者**在談判中，始終保持溫和的語氣，避免激烈的對抗。與他們合作時，你應保持相同的溫和態度，強調合作而非競爭，這將有助於促進共識並建立長期的合作關係。

✓ **強調團隊精神：和諧型合作者**非常注重團隊合作，你可以強調團隊合作的重要性，展示如何通過合作來達成共同目標，這將讓他們感受到你對和諧合作的重視。

總之，與**和諧型合作者**談判時，應強調溝通與和諧，展示你如何通過合作來實現雙方需求的平衡。他們重視友好、包容的談判環境，並傾向於尋求雙贏的結果。因此，保持耐心、友善的態度，並展示如何化解分歧以促進長期合作，將有助於贏得**和諧型合作者**的支持，達成共識。

8. 靈活型合作者：傑夫・貝佐斯的靈活變通（紅藍色人）

- **性格特質**：創意、靈活、策略性。
- **合作模式**：運用創意與策略，靈活應對合作中的挑戰。
- **行為特徵**：
  - ✓ 創意豐富且靈活，能夠根據談判情境迅速調整策略。
  - ✓ 善於在複雜問題中提出創新且實際的解決方案。
- **觀察方式**：
  - ✓ 注意對方是否能夠靈活應對談判中的變化，並提出創新性的解決方案。
  - ✓ 是否在面對挑戰時迅速調整策略，適應新的需求。
- **談判策略**：
  - ✓ **提供創新方案**：靈活型合作者喜歡創意和新想法，你應該根據他們的需求提出創新性的解決方案，讓他們看到你的靈活應對能力。
  - ✓ **保持靈活性**：在談判過程中保持開放心態，隨時根據對方的反應調整你的提案，並展示你願意為合作進行調整和創新。
  - ✓ **應對變化**：靈活型合作者善於應對變化，你可以展示如何通過創新的策略快速適應市場和挑戰，從而在競爭中脫穎而出。

代表人物：傑夫・貝佐斯（Jeffrey Bezos），亞馬遜的創辦人，是典型的靈活型合作者（紅藍色人），他以創意、靈活和策略性著稱。在帶領亞馬遜從網路書店發展成全球最大電子商務平台的過程中，貝佐斯展現了卓越的創新能力和靈活應對市場變化的策略。

- **性格特質：**貝佐斯的性格富有創意和靈活性，他總是能夠根據市場需求快速調整戰略，並善於運用創新和策略性思維來解決問題。從亞馬遜的早期發展，到後來進軍雲計算、電子書、物流和人工智能等領域，他展現出高度的靈活性和創意，讓亞馬遜始終在市場中保持競爭力。
- **合作模式：**貝佐斯的合作模式強調創新與策略，他善於靈活應對合作中的挑戰，並根據情況迅速調整計畫。例如，亞馬遜最早只是網路書店，但貝佐斯看到了電子商務的巨大潛力，隨即靈活調整戰略，將亞馬遜轉型為全球電子商務平台，並進一步擴展至其他領域，如亞馬遜網路服務（AWS），這些都體現了他的靈活性和創意應對能力。
- **行為特徵：**
  - ✓ **創意豐富且靈活：**貝佐斯不斷推出創新產品和服務，從亞馬遜 Prime 會員服務，到 Kindle 電子書，再到 AWS 雲計算服務，每一項創新都體現了他靈活應對市場需求的能力，並為亞馬遜帶來巨大成功。

- ✓ **策略性解決方案**：面對市場上的複雜問題，貝佐斯總能提出具有前瞻性且實際的解決方案。例如，在亞馬遜的物流體系中，他創新性地引入自動化倉庫和無人機配送等技術，極大提高了效率，並降低了成本，這是他策略性思維的體現。

- **觀察方式**：
  - ✓ 貝佐斯在談判和決策過程中，展現出極高的靈活性，能夠根據變化迅速調整策略。例如，他曾經將亞馬遜從 B2C 平台轉型為多元化的業務架構，這樣的靈活應對市場需求的行為展現了他的創新解決問題的能力。
  - ✓ 當面對競爭或市場挑戰時，貝佐斯迅速調整策略，適應新的市場需求。他敏銳的市場洞察力和策略調整能力讓亞馬遜始終保持在市場的領先地位。

- **談判策略**：
  - ✓ **提供創新方案**：與**靈活型合作者**合作時，應該提出創新的解決方案，這會讓他們看到你具備靈活應對能力。**靈活型合作者**喜歡新想法，因此展示創意和前瞻性方案是有效的談判策略。
  - ✓ **保持靈活性**：在談判過程中，**靈活型合作者**重視開放性思維，因此你應該在談判中保持靈活，隨時根據他的反饋調整提案，並展示你願意為了合作進行創新和調整，這樣能夠更好地獲得他們的認可。

✓ **應對變化：靈活型合作者**在面對市場變化時反應迅速，因此，你應該展示你對市場變化的快速適應能力，並通過創新策略來應對競爭和挑戰，這會增強他們對合作的信心。

總之，與**靈活型合作者**談判時，應強調創新性和靈活性，展示你如何通過創新的解決方案應對市場變化。他們重視策略性思維和快速調整，因此，提出能夠靈活應對挑戰並具前瞻性的方案，將有效吸引**靈活型合作者**的興趣，並促進合作的進展。

9. 創新型合作者：馬雲的創新思維（黑藍色人）

- **性格特質**：創新、勇敢、打破常規。
- **合作模式**：挑戰傳統，探索新方法，推動創新合作。
- **行為特徵**：
  - ✓ 喜歡挑戰傳統並探索新方法，追求創新。
  - ✓ 在談判中，傾向於提出打破常規的方案，並推動合作向創新方向發展。
- **觀察方式**：
  - ✓ 注意對方是否喜歡挑戰現有模式，並探索新的解決方案。
  - ✓ 是否強調創新合作的潛力與未來發展空間。

・**談判策略：**

✓ **挑戰現狀**：創新型合作者喜歡打破常規，你應該提出前瞻性和突破性的合作方案，展示你願意挑戰現有模式並為合作帶來新意。

✓ **強調未來潛力**：創新型合作者關注未來，你可以強調合作將帶來的長期增長潛力，並展示未來的巨大發展機會。

✓ **提出前瞻性策略**：展示創新思維，提出能夠引領行業或市場的創新策略，讓對方看到與你合作能實現的突破。

代表人物：馬雲，阿里巴巴的創辦人，是典型的創新型合作者（黑藍色人），他以創新、勇敢和打破常規而聞名。在他建立阿里巴巴的過程中，馬雲不斷挑戰傳統商業模式，創造了新的電商生態，並推動了全球互聯網經濟的發展。

・**性格特質**：馬雲具備強烈的創新精神和勇氣，敢於打破常規，挑戰現有的市場規則。他在商業創新方面走在前列，從阿里巴巴的創立，到後來的支付寶、雲計算、物流等新業務的開展，都體現了他勇於創新的精神和對未來發展的敏銳洞察力。

・**合作模式**：馬雲的合作模式注重挑戰傳統和探索新方法。他在創立阿里巴巴時，顛覆了傳統的商業模式，推動中國的中小企業進入全球市場。這種打破常規的合作方式讓阿里巴巴迅速崛起，成為全球最大的電商平台之一。他也不斷在支付系統、數據技術和雲計算等領域開創新局面，這些創新合作模式為市場帶來了全新活力。

- **行為特徵：**
  - ✓ **挑戰傳統並探索新方法**：馬雲在創立阿里巴巴時，挑戰了當時中國商業的傳統模式。他不僅推動了中國企業在互聯網上進行交易，還開發了支付寶，徹底改變了人們的消費方式。
  - ✓ **提出打破常規的方案**：在談判和合作中，馬雲總是提出創新的解決方案。例如，他在初期的跨境電商計畫中，打破了傳統的貿易壁壘，通過互聯網技術，讓中國的中小企業能夠直接與全球市場對接，這一創新方案徹底顛覆了傳統商業運作。
- **觀察方式：**
  - ✓ 馬雲常常挑戰現有模式，並在談判中探索新的合作方式。他不會滿足於傳統的做法，而是總在尋求突破。例如，當他意識到電商的發展潛力時，迅速調整策略，將阿里巴巴轉型為全球性的商業平台。
  - ✓ 他總是在強調創新合作的潛力，並展示未來的發展空間。無論是在談判還是發展新業務時，馬雲總是能夠清楚描繪出未來的巨大機遇，這也是他吸引合作夥伴的重要原因。

・**談判策略**：

✓ **挑戰現狀**：與**創新型合作者**合作者談判時，你應該提出前瞻性和突破性的合作方案，展示你願意打破常規、挑戰現有模式，這會引起他的興趣。**創新型合作者**對任何能夠推動市場發展的新模式都有強烈的敏感度。

✓ **強調未來潛力**：**創新型合作者**非常注重未來的發展潛力。你可以在談判中強調合作將帶來的長期增長機會，並描繪出清晰的未來發展路徑，這將能更好地引發他們的共鳴。

✓ **提出前瞻性策略**：**創新型合作者**對具有前瞻性的創新策略非常感興趣。展示你的創新思維，提出能夠引領行業或市場的創新計畫，這將讓他們看到與你合作能實現的市場突破和行業領先地位。

總之，與**創新型合作者**談判時，應強調創新性和挑戰現狀的能力，展示前瞻性的合作方案，並強調如何打破傳統模式以推動市場發展。他們重視勇敢和打破常規，因此，提出能夠帶來長期增長潛力和具突破性的策略，將吸引**創新型合作者**的興趣，促進合作的成功。

10. 品質型合作者：華倫・巴菲特的持續專注（綠藍色人）

・**性格特質**：分析、謹慎、高標準。

- **合作模式**：專注細節，確保合作過程中的高品質與精確性。
- **行為特徵**：
  ✓ 注重品質與細節，追求高標準的合作成果。
  ✓ 傾向於在談判中深入討論每個細節，確保每個部分都能達到高品質。
- **觀察方式**：
  ✓ 注意對方是否要求詳細的數據和深入討論每個細節，避免草率決策。
  ✓ 是否強調高品質標準和專業性，並期待嚴謹的合作流程。
- **談判策略**：
  ✓ **強調高品質標準**：品質型合作者對於高標準非常在意，你應該展示你的方案如何達到嚴格的質量標準，並強調每個細節都經過仔細推敲。
  ✓ **深入討論細節**：品質型合作者喜歡深入了解細節，你應準備好充足的資料和數據，並與他們討論每一個決策點，展示你的專業性。
  ✓ **保持專業與嚴謹**：在談判中保持嚴謹的態度，展現你的專業形象和對高品質的承諾，這將幫助贏得對方的信任。

代表人物：華倫．巴菲特（Warren Buffett），波克夏．海瑟威的掌舵人，是典型的品質型合作者（綠藍色人）。他的投資策略以分析、謹慎和追求高標準著稱，這使得他在金融投資界樹立了穩健與精確的形象。他的成功不僅依靠對市場的敏銳洞察，還源於他對品質與細節的嚴格要求。

・**性格特質**：巴菲特的性格集中於分析與謹慎，他在做出每一項投資決策前，總是進行深入的研究，並且不會輕易妥協質量和專業標準。他對投資的高標準要求讓他只選擇那些能夠持續創造價值的公司，並確保每筆交易的質量和精確性。

・**合作模式**：巴菲特的合作模式體現了他對細節和高標準的專注。他在合作過程中，特別重視對合作對象和公司質量的評估，並會仔細審視每個合作細節，確保最終結果符合他的高品質要求。無論是收購一家企業，還是進行投資，巴菲特都要求深入了解企業運營的細節和長期前景，避免草率決策。

・**行為特徵**：

✓ **注重品質與細節**：巴菲特以對品質的高要求著稱，他會仔細評估一家公司的財務報告、業務模式和管理團隊，並對每個細節都進行深入的分析，以確保其符合他的投資標準。例如，他在收購一些企業時，往往不僅關注當前的財務狀況，還會深入了解該企業未來的可持續發展能力。

✓ **深入討論細節**：巴菲特在談判中，傾向於深入探討每個細節，從長期價值到具體運營模式，他都會提出一系列問題，以確保所有決策都基於充分的數據支持。例如，他在考慮收購一家企業時，不僅僅考慮價格，更會對企業的管理風格、文化和發展潛力進行深入討論。

- **觀察方式：**
  - ✓ 巴菲特在談判中，會要求詳細的數據和報告，並對每個細節進行深入討論。他不會匆忙做出決策，而是會花時間去分析每一個可能的風險和潛力，這是他謹慎性格的體現。
  - ✓ 他強調高品質標準和專業性，並期待合作方展現同樣的嚴謹態度。在與巴菲特合作時，他的重點在於確保所有流程和結果都符合他心目中的高標準，並且避免任何潦草和缺乏深度的方案。
- **談判策略：**
  - ✓ **強調高品質標準：**與**品質型合作者**合作時，你應該展示你的方案如何達到嚴格的質量標準。**品質型合作者**會對方案的每個細節進行推敲，因此強調每個部分的高品質將是贏得他們認可的關鍵。
  - ✓ **深入討論細節：品質型合作者**喜歡深入了解每一個細節，你應準備好充足的資料和數據，與他們進行細緻的討論。這樣的深入討論能夠展示你的專業性，並幫助他們在決策過程中獲得信心。
  - ✓ **保持專業與嚴謹：品質型合作者**非常看重專業形象

和嚴謹的態度。在與他們談判時，保持嚴謹並展示對高品質的承諾，將有助於贏得他們的信任和尊重。這種專業與嚴謹的態度將讓**品質型合作者**感到合作的可靠性和長期穩定性。

總之，與**品質型合作者**談判時，應強調對高品質和細節的重視，展示經過深入分析的方案，並確保每個細節都符合他們的高標準要求。他們追求專業性和嚴謹的合作過程，因此，提供詳細數據支持、保持嚴謹態度，將有助於贏得**品質型合作者**的信任，促進高品質的合作成果。

總結

在談判中，對於不同性格類型的合作者，細心觀察他們的行為模式能夠幫助你更深入地理解他們的需求和談判傾向，進而制定更具針對性的策略。每一個合作者都擁有獨特的性格特質，這些特質直接影響他們在談判中的溝通方式、決策風格以及合作期待。通過對這些行為特徵的敏銳觀察，你不僅能更精確地把握對方的意圖，還能及時調整自己的策略，讓整個談判過程更加流暢且具備高效性。

最終，成功的商業談判在於理解與應對。當你能夠掌握不同性格類型的合作者的談判風格，並根據他們的行為特徵調整你的策略時，你就能夠大大提高談判成功的概率。不僅能促進雙贏結果，還能夠為後續的長期合作奠定穩固基礎。真正的談判高手，不僅是具備說服力的交涉者，更是能夠洞悉人心、靈活應對的策略家。通過掌握這些不同性格類型的差異化應對策略，你將成為一位能夠應對多變情境並達成最佳結果的談判專家。

附錄 1

現實性格特質檢測問卷

黑色特質

1. 當面臨困難決策時，你是否會迅速做出決定？
2. 你是否喜歡設定挑戰性目標？
3. 你是否經常在團隊中扮演領導角色？
4. 你是否會直率地表達自己的意見？
5. 你是否更傾向於掌控局面？

紅色特質

1. 你是否喜歡與他人互動並建立新關係？
2. 你是否擅長通過溝通來影響他人？
3. 你是否經常能夠激勵和鼓舞他人？
4. 你是否認為自己充滿熱情和活力？
5. 你是否喜歡參與社交活動並擴展人脈？

綠色特質

1. 你是否喜歡在工作中尋求穩定和和諧？
2. 你是否樂於幫助他人並提供支持？
3. 你是否在壓力下能夠保持冷靜和耐心？
4. 你是否重視長期的人際關係？

5. 你是否更喜歡跟隨既定流程而不是冒險？

藍色特質

1. 你是否重視細節並追求精確？
2. 你是否擅長分析數據並做出合理結論？
3. 你是否在決策時更傾向於依賴數據和證據？
4. 你是否重視工作的質量和準確性？
5. 你是否喜歡遵循規範和流程？

問卷評分方法

使用 Likert 量表，每個問題的選項如下：

1. 非常不同意
2. 不同意
3. 中立
4. 同意
5. 非常同意

受測者對每個問題進行評分後，將每個特質的得分相加，分數範圍為 5-25 分。根據得分的高低，可以識別出受測者的主要和次要性格特質。

十種性格的識別方法

根據受測者在每種特質的得分，可以推導出他們在十種性格中的位置。

1. **黑色人（開創者）**：黑色得分最高，且高於紅色、綠色、藍色。
2. **紅色人（推廣者）**：紅色得分最高，且高於黑色、綠色、藍色。
3. **綠色人（支援者）**：綠色得分最高，且高於黑色、紅色、藍色。
4. **藍色人（分析者）**：藍色得分最高，且高於黑色、紅色、綠色。
5. **黑紅色人（推動者）**：黑色和紅色得分都較高，且高於綠色和藍色。
6. **黑綠色人（整合者）**：黑色和綠色得分都較高，且高於紅色和藍色。
7. **紅綠色人（協調者）**：紅色和綠色得分都較高，且高於黑色和藍色。
8. **紅藍色人（策略者）**：紅色和藍色得分都較高，且高於黑色和綠色。
9. **黑藍色人（改革者）**：黑色和藍色得分都較高，且高於紅色和綠色。
10. **綠藍色人（策劃者）**：綠色和藍色得分都較高，且高於黑色和紅色。

計分範圍

每個特質有 5 個問題，每個問題的得分範圍為 1-5 分，因此每個特質的總得分範圍為 5-25 分。

分數標準設定

根據每個特質的得分，可以設定如下標準：

高分：總得分在 20-25 分、 中高分：總得分在 15-19 分、中分：總得分在 10-14 分、低分：總得分在 5-9 分。

示例 1

得分：

- 黑色得分：23
- 紅色得分：17
- 綠色得分：13
- 藍色得分：11

分析：

- 黑色得分為高分（23 分）
- 紅色得分為中高分（17 分）
- 綠色得分為中分（13 分）
- 藍色得分為中分（11 分）

性格特質識別：

此受測者的主要性格特質為黑色人（開創者），次要特質為紅色人（推廣者）。

示例 2

得分：

- 黑色得分：22
- 紅色得分：14
- 綠色得分：23
- 藍色得分：16

分析：

- 黑色得分為高分（22 分）
- 紅色得分為中分（14 分）
- 綠色得分為高分（23 分）
- 藍色得分為中高分（16 分）

性格特質識別：

此受測者的主要性格特質為黑綠色人（整合者），因為黑色和綠色得分都為高分且相近。

附錄 2 測算網址：www.tpmitest.tw

十色性格測算分析報告

姓名：林志強 出生年月日：1968/07/15
性別：男性 測算日期：2024/10/20
血型：O 型

說明

請參考第 305 頁的表格，類別 6-2，主導色：「黑綠色」80%，輔助色：「紅色」20%，是活躍的整合者。這種性格組合展現出堅定且和諧的個性，兼具領導力與團隊合作精神。在追求目標和完成任務時，黑綠色的主導色賦予他們果斷與驅動力，使他們穩健而有效率。輔助的紅色特質則為他們增添些許社交性，使他們在人際互動中表現出親和力與適度的活力。這種特質組合讓他們能在挑戰中保持穩重，同時具備靈活應對的能力。

一、性格特質：

具有黑色和綠色特質的個體展現出既果斷又耐心的特點，能夠在追求效率和目標時保持敏感和人性化的處理方式。他們在領導和決策上表現出自信和堅定，同時在團隊合作和關係維護上展現出關懷和支持。這種結合帶來了一種獨特的能力，能在快速變化的環境中穩定前行。此外，他們的社交特質使他們能夠在人際交往中建立深厚的關係。

二、性格需求：

這種性格的人需要一個能夠平衡獨立性與團隊協作的環境。他們渴望被認可為有效的決策者，同時也尋求在人際關係中的和諧與穩定。對他們來說，挑戰是激勵他們成長的動力，但他們也需要保持一定的舒適度和安全感，以促進個人和團隊的發展。

三、性格優勢：

這個性格組合的優勢在於能夠有效地平衡任務導向和人際關係的需求。他們既能夠果斷地追求目標，又能夠維護和諧的團隊環境。這使得他們在領導職位上尤為有效，能夠激勵團隊達成目標，同時確保團隊成員感到支持和價值。

四、性格弱勢：

由於缺乏藍色（謹慎型）的特質，這種性格可能在細節處理和風險評估上不夠嚴謹。他們可能過於關注大局，而忽略了細節的重要性。此外，黑色和綠色的特質可能在某些情況下導致內部矛盾，如在追求效率與保持人際和諧之間找到平衡點時感到掙扎。

五、任務與關係導向：（第 304 頁圖）

此性格組合的個體在任務完成和建立穩固關係之間保持了一種獨特的平衡。他們能夠以目標為導向，推動團隊前進，同時確保團隊成員在過程中感到被尊重和聽見。這種平衡使他們在處理需要同時考慮成果和人際關係的情境中表現出色。

六、外向性與內向性：（第 304 頁圖）

雖然這種性格的人在黑色和紅色特質上展現出外向的特質，如主動、社交和自信，但他們的綠色特質也賦予了他們內向的特質，如耐心、冷靜和傾聽。這種組合讓他們能夠在需要時表現得既開朗又謹慎，能夠根據不同的情況調整自己的行為。

七、溝通風格：

這種性格的溝通風格是直接而富有同理心的。他們在表達自己的觀點和決策時十分自信，同時也能夠聆聽和理解他人的需求。這種溝通方式有助於建立信任和尊重，使他們能夠有效地領導團隊並促進合作。

八、領導風格：

這個性格組合的領導者是既果斷又包容的。他們能夠設定清晰的目標，並以自己的決斷力驅動團隊前進，同時也重視團隊成員的意見和福祉。這種領導風格有助於創建一個既高效又和諧的工作環境。

九、被管理模式：

對於這種性格的人來說，最有效的管理方式是結合挑戰和支持。他們欣賞清晰的目標設定和獨立性，但同時也需要來自領導者的認可和指導。在給予他們足夠的自由度追求目標的同時，提供必要的支援和資源是關鍵。

十、團隊角色：

這種性格的人在團隊中通常擔任橋樑的角色，能夠有效地協調不同的意見和需求，並推動團隊朝共同目標前進。他們的多面性使他們能夠在需要時擔任領導者，也能夠作為團隊中支持和鼓勵他人的一員。

十一、對團隊貢獻：

這種性格的個體對團隊的貢獻在於他們能夠結合目標導向和人際關懷的方式來推動團隊前進。他們的領導能力和同理心有助於創建一個積極、支持的工作環境，促進團隊成員之間的合作和效率。

十二、團隊價值觀：

這個性格組合強調效率、目標達成和人際和諧的重要性。他們重視創建一個既能夠追求高效成果又能夠維護成員間穩定關係的團隊文化。這種價值觀促進了一個既專注於成果也重視過程的工作環境。

十三、理想環境：

理想的工作環境是既提供挑戰也充滿支持的，能夠讓他們發揮決策和人際關係的優勢。這樣的環境應該允許足夠的自由度進行創新和個人成長，同時也提供穩定性和團隊合作的機會，以實現共同目標。

十四、培育需求：

對於這種性格的人來說，需要在細節處理和風險管理方面進行培養，以彌補缺乏藍色特質的不足。提供培訓和發展機會，幫助他們提高在複雜情況下的分析和計畫能力，將有助於他們在職業生涯中取得更大的成功。

十五、學習風格：

這種性格的人傾向於透過實踐和互動學習最佳。他們喜歡透過參與討論、團隊合作項目和實際案例研究來獲取知識。提供多樣化的學習方式，尤其是那些能夠促進團隊互動和實際操作的機會，將更能激發他們的學習興趣。

十六、壓力傾向：

在面對壓力時，這種性格的人可能會在追求效率和維持人際和諧之間感到掙扎。他們可能會因為試圖同時滿足這兩方面的需求而感到壓力。學習如何有效地平衡這些期望和設定合理的界限將是關鍵。

十七、激勵因素：

對於這種性格的人來說，達成目標和被團隊認可是重要的激勵因素。他們渴望成功和成就感，同時也尋求與他人建立積極的關係。提供明確的目標和回饋，以及機會來增強團隊之間的聯繫，將有助於保持他們的動力和參與感。

十八、激勵方式：

有效激勵這種性格的策略包括設定挑戰性目標、認可他們的成就，以及提供機會來增進團隊合作和關係。強調他們的貢獻對團隊和組織的重要性，並提供支持他們在個人和專業成長方面的資源。

十九、事業方向：

這種性格的人適合那些既需要決策力又需要人際技巧的職業。例如，管理職位、項目管理、顧問、客戶關係和團隊領導等角色可能非常適合他們。他們在需要快速決策和有效溝通以及在需要耐心和同理心時都能表現出色。

二十、事業驅力：

這個性格組合的個體在職業生涯中尋求能夠結合他們的決策能力和人際交往能力的機會。他們被那些允許他們展示領導才能、影響他人和實現個人成長的角色所吸引。追求影響力和貢獻於他人的成功是他們的主要驅動力。

結語

這種獨特的性格組合使得個體在領導、溝通和團隊合作方面展現出卓越的能力。他們能夠有效地結合目標導向的驅動力和對人際關係的深刻理解，創造出既高效又和諧的工作和社交環境。對於這種性格的個體來說，平衡任務完成和維護積極人際關係是關鍵。

主導色：「黑綠色」80% | 輔助色：「紅色」20%

色彩比重：

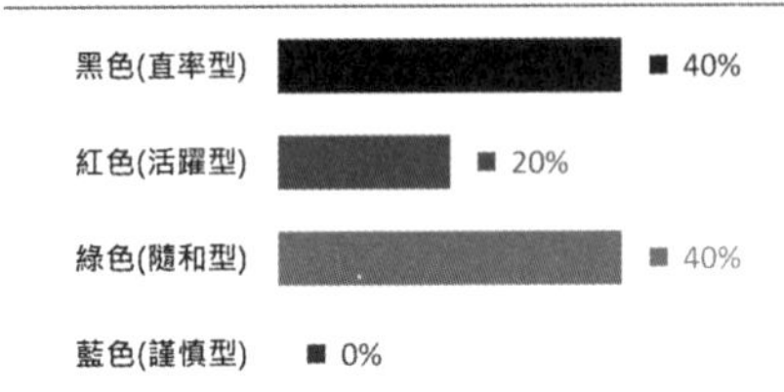

其他分析：

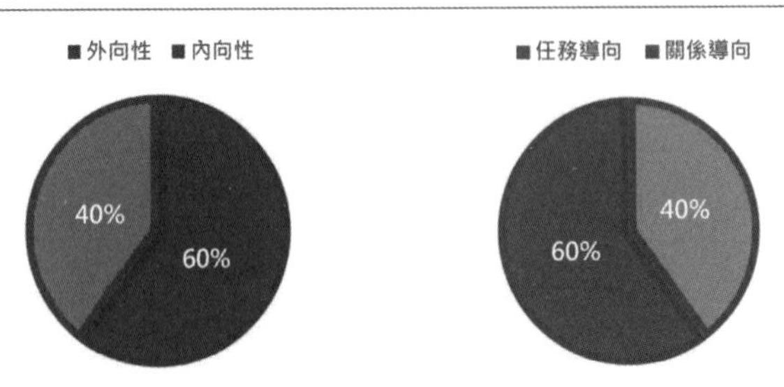

十色四十型性格色彩特徵與職場角色分類表

十色性格管理學院 著作權所有

型號	類別	主導色（80%）	輔助色（20%）	職場角色
1	1-1	黑色（直率型）	黑色（直率型）	直率的【開創者】
2	1-2	黑色（直率型）	紅色（活躍型）	活躍的【開創者】
3	1-3	黑色（直率型）	綠色（隨和型）	隨和的【開創者】
4	1-4	黑色（直率型）	藍色（謹慎型）	謹慎的【開創者】
5	2-1	紅色（活躍型）	黑色（直率型）	直率的【推廣者】
6	2-2	紅色（活躍型）	紅色（活躍型）	活躍的【推廣者】
7	2-3	紅色（活躍型）	綠色（隨和型）	隨和的【推廣者】
8	2-4	紅色（活躍型）	藍色（謹慎型）	謹慎的【推廣者】
9	3-1	綠色（隨和型）	黑色（直率型）	直率的【支援者】
10	3-2	綠色（隨和型）	紅色（活躍型）	活躍的【支援者】
11	3-3	綠色（隨和型）	綠色（隨和型）	隨和的【支援者】
12	3-4	綠色（隨和型）	藍色（謹慎型）	謹慎的【支援者】
13	4-1	藍色（謹慎型）	黑色（直率型）	直率的【分析者】
14	4-2	藍色（謹慎型）	紅色（活躍型）	活躍的【分析者】
15	4-3	藍色（謹慎型）	綠色（隨和型）	隨和的【分析者】
16	4-4	藍色（謹慎型）	藍色（謹慎型）	謹慎的【分析者】
17	5-1	黑紅色（直率活躍型）	黑色（直率型）	直率的【推動者】
18	5-2	黑紅色（直率活躍型）	紅色（活躍型）	活躍的【推動者】
19	5-3	黑紅色（直率活躍型）	綠色（隨和型）	隨和的【推動者】
20	5-4	黑紅色（直率活躍型）	藍色（謹慎型）	謹慎的【推動者】
21	6-1	黑綠色（直率隨和型）	黑色（直率型）	直率的【整合者】
22	6-2	黑綠色（直率隨和型）	紅色（活躍型）	活躍的【整合者】
23	6-3	黑綠色（直率隨和型）	綠色（隨和型）	隨和的【整合者】
24	6-4	黑綠色（直率隨和型）	藍色（謹慎型）	謹慎的【整合者】
25	7-1	紅綠色（活躍隨和型）	黑色（直率型）	直率的【協調者】
26	7-2	紅綠色（活躍隨和型）	紅色（活躍型）	活躍的【協調者】
27	7-3	紅綠色（活躍隨和型）	綠色（隨和型）	隨和的【協調者】

型號	類別	主導色（80%）	輔助色（20%）	職場角色
28	7-4	紅綠色（活躍隨和型）	藍色（謹慎型）	謹慎的【協調者】
29	8-1	紅藍色（活躍謹慎型）	黑色（直率型）	直率的【策略者】
30	8-2	紅藍色（活躍謹慎型）	紅色（活躍型）	活躍的【策略者】
31	8-3	紅藍色（活躍謹慎型）	綠色（隨和型）	隨和的【策略者】
32	8-4	紅藍色（活躍謹慎型）	藍色（謹慎型）	謹慎的【策略者】
33	9-1	黑藍色（直率謹慎型）	黑色（直率型）	直率的【改革者】
34	9-2	黑藍色（直率謹慎型）	紅色（活躍型）	活躍的【改革者】
35	9-3	黑藍色（直率謹慎型）	綠色（隨和型）	隨和的【改革者】
36	9-4	黑藍色（直率謹慎型）	藍色（謹慎型）	謹慎的【改革者】
37	10-1	綠藍色（隨和謹慎型）	黑色（直率型）	直率的【策劃者】
38	10-2	綠藍色（隨和謹慎型）	紅色（活躍型）	活躍的【策劃者】
39	10-3	綠藍色（隨和謹慎型）	綠色（隨和型）	隨和的【策劃者】
40	10-4	綠藍色（隨和謹慎型）	藍色（謹慎型）	謹慎的【策劃者】

附錄 3

職場能力評估問卷

職場能力評估問卷

1. 開創力（黑色性格）

・問題 1：當遇到顧客的特殊需求時，我會主動提出創新的解決方案。（1＝非常不同意，5＝非常同意）

・問題 2：我擅長在面對不確定性時快速決策並採取行動。（1＝非常不同意，5＝非常同意）

・問題 3：我喜歡挑戰傳統的服務方式，以提供更好的顧客服務。（1＝非常不同意，5＝非常同意）

2. 推廣力（紅色性格）

・問題 1：我能夠輕鬆地說服顧客接受我所推薦的美容療程。（1＝非常不同意，5＝非常同意）

・問題 2：我常常能夠在與顧客的互動中營造積極的氛圍，讓顧客感到放心。（1＝非常不同意，5＝非常同意）

・問題 3：我擅長用簡單易懂的方式向顧客解釋複雜的醫美療程。（1＝非常不同意，5＝非常同意）

3. 支援力（綠色性格）

・問題 1：我樂於在術後追蹤期間，持續提供顧客所需的支持和幫助。（1＝非常不同意，5＝非常同意）

・問題 2：我會花時間理解顧客的擔憂並給予他們安慰和支持。（1＝非常不同意，5＝非常同意）

・問題 3：我在與顧客溝通時，總是耐心傾聽並提供具體的建議。（1＝非常不同意，5＝非常同意）

4. 分析力（藍色性格）

・問題 1：我會根據顧客的需求和狀況，仔細分析後再推薦合適的療程。（1＝非常不同意，5＝非常同意）

・問題 2：我在做出建議前，會收集並分析所有相關的數據和資訊。（1＝非常不同意，5＝非常同意）

・問題 3：我習慣在推薦療程前仔細考慮各種可能的風險和效果。（1＝非常不同意，5＝非常同意）

5. 推動力（黑紅色性格）

・問題 1：我能夠在諮詢過程中引導顧客迅速做出決定。（1＝非常不同意，5＝非常同意）

・問題 2：我擅長在與顧客討論時保持積極主動的態度，推動療程的進展。（1＝非常不同意，5＝非常同意）

・問題 3：我會在顧客猶豫不決時，主動鼓勵他們採取下一步行動。（1＝非常不同意，5＝非常同意）

6. 整合力（黑綠色性格）

・問題 1：我擅長將來自不同專業人員的建議整合成一個完整的方案提供給顧客。（1＝非常不同意，5＝非常同意）

・問題 2：我能夠有效協調醫療團隊和顧客之間的溝通，確保療程順利進行。（1＝非常不同意，5＝非常同意）

・問題 3：我會整合各方資源，為顧客提供最完整的療程建議和服務。（1＝非常不同意，5＝非常同意）

7. 協調力（紅綠色性格）

・問題 1：我能夠迅速與顧客建立良好的關係，並讓他們感到舒適和信任。（1＝非常不同意，5＝非常同意）

・問題 2：我擅長解決顧客與醫療團隊之間的任何誤解或溝通問題。（1＝非常不同意，5＝非常同意）

・問題 3：我在與顧客討論療程時，總能找到滿足雙方需求的解決方案。（1＝非常不同意，5＝非常同意）

8. 策略力（紅藍色性格）

・問題 1：我會根據顧客的長期需求，制定一個系統性的美容保養計畫。（1＝非常不同意，5＝非常同意）

・問題 2：我能夠結合市場趨勢和顧客需求，調整我的建議和策略。（1＝非常不同意，5＝非常同意）

・問題 3：我在制定療程建議時，會考慮到顧客的未來需求和可能變化。（1＝非常不同意，5＝非常同意）

9. 改革力（黑藍色性格）

・問題 1：當我發現現有的療程或流程有改進空間時，我會積極提出改善建議。（1＝非常不同意，5＝非常同意）

・問題 2：我經常思考如何改進和優化我提供的服務，以更好地滿足顧客需求。（1＝非常不同意，5＝非常同意）

・問題 3：我會在療程後根據顧客的反饋進行調整，並尋找改善的機會。（1＝非常不同意，5＝非常同意）

10. 策劃力（綠藍色性格）

・問題 1：我會制定詳細的術前術後計畫，並確保每個步驟都按計畫進行。（1＝非常不同意，5＝非常同意）

・問題 2：我會詳細記錄每位顧客的療程進展，以便進行後續跟進。（1＝非常不同意，5＝非常同意）

・問題 3：我擅長組織和安排工作日程，以確保我能有效管理每位顧客的需求。（1＝非常不同意，5＝非常同意）

評分標準：

每項問題採用 1-5 的評分標準：

・1 分：非常不同意

・2 分：不同意

・3 分：中立

・4 分：同意

・5 分：非常同意

能力評估計分方法：

每個能力包含 3 個問題，每個問題的得分範圍是 1-5 分。計算每個應徵者在該能力上的總得分：

・能力總分＝問題 1 得分＋問題 2 得分＋問題 3 得分

・每項能力的總分範圍：3-15 分

能力強弱程度判斷：

根據應徵者在每項能力上的總分，可以判斷其在該能力上的強弱程度：

・強度（13-15 分）：應徵者在該能力上表現非常突出，具有很強的適應性和專業技能。

・中度（9-12 分）：應徵者在該能力上表現良好，能夠滿足該職位的基本需求。

・弱度（5-8 分）：應徵者在該能力上表現較弱，可能需要進一步培訓或提升。

・無特徵（3-4 分）：應徵者在該能力上表現非常弱，可能不具備此能力或與該職位要求不符。

舉例計算：

假設某位應徵者在「開創者（黑色性格）」能力上的得分如下：

・問題 1：4 分

・問題 2：5 分

・問題3：4分

開創者總分＝4＋5＋4＝13分

根據評分標準，這位應徵者在「開創力（黑色性格）」能力上屬於強度。

綜合評估：

為了更好地理解應徵者的整體能力，可以將所有10種能力的得分匯總，並計算出該應徵者的綜合能力強弱圖譜。

這樣的評分標準能夠幫助你清楚地識別應徵者在每個關鍵職場能力上的表現，進而做出更準確的招聘決策。

職場能力評估問卷（情境式）

以下是根據醫美諮詢師職位設計的情境式問卷，每項能力的問題區分了「最符合3分」、「中等符合2分」和「較不符合1分」的選項分數，以幫助你了解應徵者的強弱程度。

1. 開創力（黑色性格）

・情境1：一位顧客對目前市面上的療程不太滿意，並詢問你是否有其他推薦。你會怎麼做？

A. 向顧客推薦幾個已知療程（**2分**）

B. 主動提議根據顧客需求設計一個全新的療程方案（**3分**）

C. 聽從顧客的意見，並按標準療程建議操作（**1分**）

・情境2：你的上級要求你在一週內提出一個能吸引新顧

客的方案，你會怎麼做？

A. 借鑑其他成功的案例，快速提出一個方案（**2 分**）

B. 花時間思考並提出一個創新的方案，即使這可能會超出預期時間（**3 分**）

C. 與團隊討論並選擇一個已經存在的方案進行修改（**1 分**）

・**情境 3**：遇到一位要求特別高的顧客，提出了很多獨特的需求。你會怎麼處理？

A. 告知顧客我們只能提供標準療程（**1 分**）

B. 嘗試創新並結合多種療程滿足顧客需求（**3 分**）

C. 推薦顧客接受一個較為普遍的療程方案（**2 分**）

2. 推廣力（紅色性格）

・**情境 1**：你遇到一位對療程持懷疑態度的顧客，如何說服他接受你的建議？

A. 以專業知識為基礎，耐心解釋療程的好處（**2 分**）

B. 通過成功案例和親和力打消顧客的疑慮（**3 分**）

C. 聽取顧客的擔憂，並允許他慢慢做決定（**1 分**）

・**情境 2**：一位新顧客首次來到診所，顯得很緊張。你會怎樣讓他放鬆並信任你的建議？

A. 向他介紹診所的專業背景和成功經驗（**2 分**）

B. 通過輕鬆的對話和幽默感讓他放鬆（**3 分**）

C. 讓他多了解療程過程，並給他充足時間思考（**1 分**）

・**情境 3**：公司推出了一個新療程，你需要在諮詢中推廣此療程。你會怎麼做？

A. 強調這個新療程的技術優勢和效果（**2 分**）

B. 以這個療程的市場熱度和成功案例來吸引顧客（**3 分**）

C. 先了解顧客的需求，再根據情況推介（**1 分**）

3. 支援力（綠色性格）

・**情境 1**：一位顧客對術後效果感到不滿，你會如何回應？

A. 解釋療程的預期效果與實際結果可能存在的差異（**2 分**）

B. 耐心傾聽顧客的感受，並提出進一步的支援方案（**3 分**）

C. 與上級討論後，決定下一步行動（**1 分**）

・**情境 2**：一位顧客在療程後表現出擔憂和焦慮，你會如何處理？

A. 提供詳細的術後護理說明，安撫顧客的情緒（**2 分**）

B. 定期跟進，確保顧客得到足夠的支持和關心（**3 分**）

C. 鼓勵顧客耐心等待恢復，並隨時為他提供幫助（**1 分**）

・**情境 3**：一位顧客對自己的決定感到猶豫不決，並向你尋求建議，你會怎麼做？

A. 提供專業建議，讓顧客自己做決定（**2 分**）

B. 陪伴顧客分析各種選擇，並提供情感支持（**3 分**）

C. 建議顧客考慮不同的選擇，給他更多時間考慮（**1 分**）

4. 分析力（藍色性格）

・**情境 1**：一位顧客有多種需求，但你發現一些需求可能不符合現實，你會怎麼做？

A. 簡單地告知顧客這些需求不可行（**1 分**）

B. 綜合分析顧客的需求，並提供替代方案（**3 分**）

C. 將問題交給上級處理（**2 分**）

・**情境 2**：在分析顧客的需求後，你發現需要結合多個療程來達到最佳效果，你會怎麼做？

A. 提供一個綜合方案，並詳細解釋理由（**3 分**）

B. 詢問顧客是否願意嘗試這個綜合方案（**2 分**）

C. 只推薦顧客最普遍的療程，避免風險（**1 分**）

・**情境 3**：一位顧客對療程效果期望過高，你會怎樣管理他的期望？

A. 直接告訴他實際效果可能不如預期（**2 分**）

B. 通過分析數據和案例，合理設定顧客的期望值（**3 分**）

C. 讓顧客自行決定是否繼續（**1 分**）

5. 推動力（黑紅色性格）

・**情境 1**：顧客對決定是否進行療程猶豫不決，你會如何推動他做出決定？

A. 提供充分的資訊，讓顧客自行決定（**2 分**）

B. 強調療程的好處，並鼓勵顧客盡快做出決定（**3 分**）

C. 等待顧客自行決定，不做過多干預（**1分**）

・**情境2**：公司急需增加療程預訂數量，你會怎麼做？

A. 按原有方式工作（**1分**）

B. 提高推銷力度，並強調療程的優勢（**3分**）

C. 與顧客多次溝通，讓他們更快做出決定（**2分**）

・**情境3**：你發現顧客在決定療程後仍然有些猶豫，你會怎麼辦？

A. 通過加強溝通，幫助顧客消除疑慮（**3分**）

B. 再次強調療程的優勢，促使顧客保持決定（**2分**）

C. 給顧客更多時間考慮，不過多干涉（**1分**）

6. 整合力（黑綠色性格）

・**情境1**：你需要根據醫生的建議和顧客的需求，設計一個整合療程，你會怎麼做？

A. 按照醫生的指示進行設計（**2分**）

B. 綜合醫生建議和顧客需求，設計一個平衡的方案（**3分**）

C. 根據顧客的需求，盡量滿足其要求（**1分**）

・**情境2**：在療程進行中，顧客提出了新的要求，這些要求與醫生的建議有些衝突，你會怎麼做？

A. 解釋醫生的建議並說服顧客接受（**2分**）

B. 嘗試整合雙方的要求，尋找一個折衷方案（**3分**）

C. 優先滿足顧客的需求，並告知醫生（**1分**）

‧**情境 3**：你需要在有限的時間內整合多個療程並提供給顧客，你會怎麼做？

A. 優先完成最簡單的療程方案（**1** 分）

B. 根據顧客的需求優先整合最重要的療程（**3** 分）

C. 逐步進行整合，根據時間調整優先級（**2** 分）

7. 協調力（紅綠色性格）

‧**情境 1**：一位顧客與醫療團隊之間出現了溝通問題，影響了療程進度。你會如何協調？

A. 與顧客和團隊分別溝通，找出問題所在（**3** 分）

B. 直接與團隊協商，解決顧客的問題（**2** 分）

C. 安撫顧客，並請團隊改善溝通（**1** 分）

‧**情境 2**：顧客對療程安排有疑問，並表現出不滿，你會怎麼做？

A. 向顧客解釋並嘗試解決疑問（**2** 分）

B. 與顧客進行開誠布公的討論，理解他的需求（**3** 分）

C. 尋找可行的解決方案，滿足顧客要求（**1** 分）

‧**情境 3**：在忙碌的工作日程中，顧客要求立即與你見面討論療程。你會怎麼處理？

A. 調整日程，優先安排顧客的會面（**3** 分）

B. 解釋當前情況並安排近期的可行時間（**2** 分）

C. 與顧客協商，尋求雙方都能接受的會面時間（**1** 分）

8. 策略力（紅藍色性格）

・情境 1：一位顧客希望在未來幾年內保持良好的皮膚狀態，你會怎樣制定他的保養計畫？

A. 推薦目前流行的療程，並定期調整（**2 分**）

B. 根據他的需求設計一個長期的保養計畫（**3 分**）

C. 建議他先嘗試短期療程，然後逐步增加（**1 分**）

・情境 2：市場上出現了新的醫美技術，你會如何整合這些技術到現有的服務中？

A. 直接推廣這些新技術（**1 分**）

B. 分析技術的優勢，並將其應用到合適的療程中（**3 分**）

C. 視顧客需求逐步引入新技術（**2 分**）

・情境 3：你發現顧客需求與公司現有的服務項目有出入，你會怎麼做？

A. 建議顧客根據現有服務調整需求（**1 分**）

B. 討論顧客需求並考慮引入新的服務（**3 分**）

C. 建議顧客選擇接近需求的現有服務（**2 分**）

9. 改革力（黑藍色性格）

・情境 1：在你的工作過程中，你發現某些流程可以進一步優化。你會怎麼做？

A. 按照現有流程繼續工作（**1 分**）

B. 向上級提出改進建議，並嘗試實施（**3 分**）

C. 與團隊討論，看看是否可以改進（**2 分**）

・**情境 2**：你發現顧客反映某療程效果不如預期，你會怎麼處理？

A. 直接告知顧客該療程的局限性（**2 分**）

B. 反思療程設計，並尋找改進方法（**3 分**）

C. 確保顧客的期望符合實際效果（**1 分**）

・**情境 3**：在某次療程後，你得到了大量反饋。你會如何利用這些反饋？

A. 將反饋交給相關部門處理（**1 分**）

B. 分析反饋內容，並提出優化建議（**3 分**）

C. 挑選重要的反饋進行改進（**2 分**）

10. 策劃力（綠藍色性格）

・**情境 1**：你需要為顧客制定一個詳細的術前術後計畫，你會怎麼做？

A. 使用公司提供的模板，制定計畫（**1 分**）

B. 根據顧客的具體需求，詳細規劃每個步驟（**3 分**）

C. 聽取醫生建議後，制定一個基本計畫（**2 分**）

・**情境 2**：你需要在多位顧客間分配時間，確保每個人都能得到充分的關注。你會怎麼安排？

A. 根據重要性排序，安排日程（**2 分**）

B. 設計一個可行的時間表，並根據需要調整（**3 分**）

C. 儘量滿足所有顧客的時間要求（**1 分**）

・**情境 3**：在工作高峰期，你需要同時處理多個顧客的需求，你會怎麼管理時間？

A. 依照先來後到的順序處理（**1 分**）

B. 根據每個需求的緊急程度調整順序（**3 分**）

C. 盡可能同時處理多個需求（**2 分**）

總結

通過以上設定的分數，你可以根據應徵者的選擇計算每項能力的得分，從而識別他們在這些職場能力上的強弱程度。每項能力的總分範圍是 3-9 分，根據得分來判斷應徵者的強弱度，並據此做出更精準的招聘決策。

計算和了解應徵者在各項職場能力上的強弱度，可以按照以下步驟進行評估和分析：

1. 設定每個選項的分數

首先，為每個情境題設置選項的分數。通常，最符合該能力的選項賦予最高分數，而較不符合的選項賦予較低分數。

例如：

・**最符合的選項**：3 分

・**中等符合的選項**：2 分

・**較不符合的選項**：1 分

2. 計算各項能力的總得分

應徵者完成問卷後，將他在每一項職場能力中的得分相加。每個能力的問題都設計了三個情境題，因此每項能力的總分範圍為 3-9 分。

3. 評估強弱度

根據應徵者的總得分，評估他在每一項能力上的強弱度。你可以按照以下範例來進行分級：

・**強度**（得分 8-9）：應徵者在這項能力上表現出色，表明他在這方面具有較強的適應性和專業技能。

・**中度**（得分 5-7）：應徵者在這項能力上表現良好，但仍有進步空間。

・**弱度**（得分 3-4）：應徵者在這項能力上表現較弱，可能需要進一步培訓或發展。

・**無特徵**（得分 0-2）：應徵者在這項能力上表現出極弱的特徵，可能不適合此類角色或需要重大提升。

4. 生成能力分析報告

根據每位應徵者的得分，生成一份分析報告，詳述他在每項職場能力上的表現。這將幫助你了解應徵者是否適合這個醫美諮詢師的職位，以及哪些能力需要進一步培養或發展。

5. 綜合評估與決策

最後，將所有應徵者的能力分析結果進行對比，選出在各方面都能滿足職位需求的最佳候選人。你可以根據具體職位需求，特別關注那些在推廣力、協調力和支援力上得分較高的應徵者。

範例計算與分析

假設某位應徵者在推廣者能力上的得分如下：

- **情境 1**：選擇 B，得分 3 分
- **情境 2**：選擇 A，得分 2 分
- **情境 3**：選擇 B，得分 3 分

該應徵者在推廣者能力上的總得分為 **8 分**，這表明他在推廣力上具有**強度**。

對所有職場能力進行類似的計算和分析後，你將對應徵者的整體能力有一個清晰的了解，從而做出更明智的招聘決策。

情境式問卷對應徵者在醫美諮詢師職位的 10 項職場能力進行計算和分析的範例流程：

1. 收集應徵者的問卷回答

假設應徵者在情境式問卷中的回答如下：

- **開創力（黑色性格）**：

  情境 1：選擇 A，得分 2

  情境 2：選擇 A，得分 2

  情境 3：選擇 B，得分 3

  總得分：7

・推廣力（紅色性格）：

情境1：選擇B，得分3

情境2：選擇B，得分3

情境3：選擇B，得分3

總得分：9

・支援力（綠色性格）：

情境1：選擇B，得分3

情境2：選擇B，得分3

情境3：選擇B，得分3

總得分：9

・分析力（藍色性格）：

情境1：選擇C，得分2

情境2：選擇B，得分2

情境3：選擇A，得分2

總得分：6

・推動力（黑紅色性格）：

情境1：選擇A，得分2

情境2：選擇A，得分1

情境3：選擇C，得分1

總得分：4

・整合力（黑綠色性格）：

情境1：選擇B，得分3

情境2：選擇A，得分2

情境3：選擇C，得分2

總得分：7

- 協調力（紅綠色性格）：

情境1：選擇A，得分3

情境2：選擇B，得分3

情境3：選擇A，得分3

總得分：9

- 策略力（紅藍色性格）：

情境1：選擇A，得分2

情境2：選擇A，得分1

情境3：選擇A，得分1

總得分：4

- 改革力（黑藍色性格）：

情境1：選擇A，得分1

情境2：選擇A，得分2

情境3：選擇A，得分1

總得分：4

- 策劃力（綠藍色性格）：

情境1：選擇C，得分2

情境2：選擇B，得分3

情境3：選擇C，得分2

總得分：7

2. 分析結果

根據以上應徵者的總得分，我們可以對他在各項職場能力上的表現進行分析：

- **開創力（黑色性格）**：總得分 7→ **中度**
- **推廣力（紅色性格）**：總得分 9→ **強度**
- **支援力（綠色性格）**：總得分 9→ **強度**
- **分析力（藍色性格）**：總得分 6→ **中度**
- **推動力（黑紅色性格）**：總得分 4→ **弱度**
- **整合力（黑綠色性格）**：總得分 7→ **中度**
- **協調力（紅綠色性格）**：總得分 9→ **強度**
- **策略力（紅藍色性格）**：總得分 4→ **弱度**
- **改革力（黑藍色性格）**：總得分 4→ **弱度**
- **策劃力（綠藍色性格）**：總得分 7→ **中度**

3. 評估與決策

這位應徵者在推廣力、支援力、協調力等能力上表現出**強度**，這意味著他非常適合擔任醫美諮詢師的職位。他具備高超的推廣、支援和協調能力，能夠有效地滿足職位需求。

4. 行動建議

根據這位應徵者的能力評估，可以進行以下行動：

- **錄用**：這位應徵者在各項能力上都表現突出，符合醫美諮詢師職位的要求，建議錄用。

・**培訓與發展**：儘管這位應徵者部分能力表現良好，但根據公司內部的實際需求，可以考慮針對性地強化某些技能，以進一步提升他的工作效能。

總結

通過這種評估方法，你可以清晰地了解每位應徵者在不同能力上的表現，幫助你做出更精確的招聘決策。這樣的分析報告也有助於應徵者理解自己的優勢和不足，為未來的職業發展提供參考。

附錄 4

行為面試問題設計

行為面試問題

以下是針對每個職場能力的問題，給出「符合」、「尚可」和「不符合」的回答示例：

1. 開創者（力）

・**問題：**請分享一個你曾經遇到顧客有特殊需求的案例，你是如何創新並設計出符合顧客需求的療程方案的？

・**符合：**我曾遇到一位顧客希望在短時間內看到顯著效果，但又不想進行侵入性療程。我設計了一個結合多項非侵入性療程的計畫，每週進行追蹤調整，最終達到了她的預期效果。

・**尚可：**我根據公司已有的療程方案，稍微調整了一下，以滿足顧客的需求。

・**不符合：**我提供了公司現有的標準方案，告訴顧客這是最適合她的選擇，沒有做太多改動。

2. 推廣者（力）

・**問題：**請描述一次你向顧客推廣某個療程或保養方案的經歷，你是如何成功說服顧客接受這個方案的？

・**符合：**有一次我遇到一位對某個新療程猶豫不決的顧

客，我分享了其他客戶的成功案例，並詳細解釋了這個療程如何解決她的具體問題。最後，她決定試試看並且非常滿意效果。

・**尚可：**我向顧客詳細講解了這個療程的技術細節，並告訴她這是公司推薦的方案。

・**不符合：**我只是簡單介紹了這個療程，沒有特別推廣或說服顧客，讓她自己決定。

3. 支援者（力）

・**問題：**請談談你如何在術後追蹤中，與顧客建立長期信任關係的經歷。你是如何提供支援和關懷的？

・**符合：**術後，我每週都會主動聯繫顧客，詢問她的恢復情況，並提供針對性的護理建議。這讓顧客感到非常被關心，最後她成為了我們的長期客戶。

・**尚可：**我在術後安排了幾次回訪，詢問了她的恢復情況。

・**不符合：**術後我只是告訴她如果有問題可以隨時聯繫我們，之後就沒有主動聯繫了。

4. 分析者（力）

・**問題：**請描述一次你如何分析顧客的需求，並根據這些分析結果推薦合適療程的經歷。

・**符合：**有一位顧客對自己的皮膚狀況非常不滿，我進行了詳細的皮膚分析，發現她的問題主要是由於日曬和缺水。我推薦了針對這些問題的療程，並得到了非常好的效果。

・**尚可：**我根據顧客的描述，推薦了一個常見的療程來解決她的問題。

・**不符合：**我只是問了顧客的基本情況，然後推薦了公司最流行的療程，沒有深入分析。

5. 推動者（力）

・**問題：**請分享一次你遇到顧客對療程有所猶豫時，如何積極引導他們做出決定的經歷。

・**符合：**有一位顧客對療程效果有所猶豫，我與她進行了深入交談，了解她的顧慮，並根據她的需求提出了分步進行的建議，讓她更安心地接受了療程。

・**尚可：**我給了顧客更多的資料，讓她自己考慮，然後幾天後她決定接受療程。

・**不符合：**顧客猶豫時，我沒有做太多解釋，只是讓她自行決定是否接受療程。

6. 整合者（力）

・**問題：**請談談你如何整合多方面資訊（如顧客需求、療程效果等），以提供最合適建議的經歷。

・**符合：**有一位顧客對多項療程感興趣，但不確定哪個最適合她。我將她的需求、預算和預期效果進行整合，提出了一個多步驟的療程方案，讓她在不同階段看到效果。

・**尚可：**我根據她的需求，推薦了一個綜合療程。

・**不符合：**我只給了她一個標準方案，沒有考慮她的具體需求。

7. 協調者（力）

・**問題：**請描述一次你如何處理顧客需求與公司療程標準之間的矛盾，並協調達成雙方滿意的解決方案的經歷。

・**符合：**有一次，顧客希望調整療程頻率，但這與我們的標準有衝突。我與公司討論後，為她制定了個性化方案，兼顧了療程效果和她的時間安排，顧客非常滿意。

・**尚可：**我根據顧客的要求，稍微調整了療程計畫，並說服公司接受了這個改變。

・**不符合：**我告訴顧客我們只能按照公司的標準來進行，沒有做任何調整。

8. 策略者（力）

・**問題：**請談談你如何為一位顧客制定長期的美容保養計畫的經歷，你是如何確保這個計畫能夠有效實施的？

・**符合：**我為一位長期顧客制定了一個為期一年的美容保養計畫，根據她的皮膚狀況和生活習慣，每個月進行調整，並定期進行效果評估，最終她對結果非常滿意。

・**尚可：**我制定了一個長期計畫，但只進行了幾次調整，最後還是主要依賴顧客自己的執行。

・**不符合：**我只給了顧客一些基本建議，沒有制定具體的長期計畫。

9.改革者（力）

・**問題：**請分享一次你在工作中發現某個流程或方法有改進空間，並提出改進建議的經歷。

・**符合：**我發現我們的顧客登記流程效率低下，導致等候時間過長。我提出了數位化改進方案，減少了顧客的等候時間，也提高了員工的工作效率。

・**尚可：**我發現了一些流程的問題，並向上司提出了改進建議，但具體改進還是由公司決定。

・**不符合：**我沒有發現流程上的問題，也沒有提出過改進建議。

10.策劃者（力）

・**問題：**請描述一次你如何為顧客制定詳細的療程計畫，並確保該計畫順利執行的經歷。

・**符合：**我曾為一位顧客制定了一個為期三個月的療程計畫，包括每個階段的具體步驟、時間安排和預期效果，並定期跟進調整，最終確保了療程的順利完成。

・**尚可：**我制定了基本計畫，但在執行過程中只做了一些簡單的跟進。

・**不符合：**我給了顧客一個大概的計畫，沒有詳細步驟和跟進措施。

BIG 447

十色性格領導力：高效團隊管理與商業實戰指南

作　　者—黃信維
圖表提供—黃信維
責任編輯—陳萱宇
主　　編—謝翠鈺
行銷企劃—鄭家謙
封面設計—兒日設計
美術編輯—菩薩蠻數位文化有限公司

董 事 長—趙政岷
出 版 者—時報文化出版企業股份有限公司
一〇八〇一九台北市和平西路三段二四〇號七樓
發行專線—（〇二）二三〇六六八四二
讀者服務專線—〇八〇〇二三一七〇五
（〇二）二三〇四七一〇三
讀者服務傳真—（〇二）二三〇四六八五八
郵撥—一九三四四七二四時報文化出版公司
信箱—一〇八九九 台北華江橋郵局第九九信箱
時報悅讀網—http://www.readingtimes.com.tw
法律顧問—理律法律事務所 陳長文律師、李念祖律師
印刷—勁達印刷有限公司
初版一刷—二〇二五年一月三日
定價—新台幣四〇〇元

時報文化出版公司成立於一九七五年，
並於一九九九年股票上櫃公開發行，於二〇〇八年脫離中時集團非屬旺中，
以「尊重智慧與創意的文化事業」為信念。

十色性格領導力：高效團隊管理與商業實戰指南/黃信維著. -- 初版. -- 臺北市：時報文化出版企業股份有限公司, 2025.01
面；　公分. -- (Big；447)
ISBN 978-626-419-017-6(平裝)

1.CST: 領導者 2.CST: 組織管理 3.CST: 性格
4.CST: 人格特質

494.2　　113017558

ISBN 978-626-419-017-6
Printed in Taiwan